高职高专计算机类专业系列教材

《项目式 C 语言教程》

上机指导及习题解答

(第二版)

主　编　张冬梅　何渝蔺　陈和洲

副主编　张　彬　黄　丽　黑国育

西安电子科技大学出版社

内 容 简 介

本书是《项目式 C 语言教程(第二版)》的配套用书,共分为两个部分:第一部分包括 Code::Blocks 详细使用说明以及 Code::Blocks 常见的出错信息,然后是 10 个上机实验,分别对应《项目式 C 语言教程(第二版)》一书中的 10 个项目;第二部分是习题解答,其中,选择题和填空题给出了答案并对涉及的知识点做了必要的说明,编程题给出了解题思路并提供了参考源程序。

本书可以作为高职院校相关专业学生学习 C 语言的辅助教材,也可以作为其他学习 C 语言人员的参考用书。

图书在版编目(CIP)数据

《项目式 C 语言教程》上机指导及习题解答 / 张冬梅,何渝蔺,陈和洲主编. —2 版. —西安:西安电子科技大学出版社,2022.6
ISBN 978–7–5606–6390–6

Ⅰ. ①项…　Ⅱ. ①张…　②何…　③陈…　Ⅲ. ①C 语言—程序设计—高等职业教育—教学参考资料　Ⅳ. ①TP312.8

中国版本图书馆 CIP 数据核字(2022)第 084192 号

策　　划　刘玉芳
责任编辑　刘玉芳
出版发行　西安电子科技大学出版社(西安市太白南路 2 号)
电　　话　(029)88202421　88201467　　邮　　编　710071
网　　址　www.xduph.com　　　　　　电子邮箱　xdupfxb001@163.com
经　　销　新华书店
印刷单位　陕西天意印务有限责任公司
版　　次　2022 年 6 月第 2 版　　2022 年 6 月第 1 次印刷
开　　本　787 毫米×1092 毫米　1/16　印　张　13.5
字　　数　319 千字
印　　数　1～3000 册
定　　价　35.00 元
ISBN 978-7-5606-6390-6 / TP

XDUP 6692002-1

如有印装问题可调换

前　　言

C 语言是一种计算机程序设计语言。它既具有高级语言的特点，又具有汇编语言的特点。它可以作为工作系统设计语言，编写系统应用程序，也可以作为应用程序设计语言，编写不依赖计算机硬件的应用程序。因此，它的应用范围广泛，不仅仅是在软件开发方面，而且在很多科研工作中都需要用到 C 语言，如单片机以及嵌入式系统开发。本书采用项目式，从应用出发，通过解决实际问题讲解 C 语言的语法。

本书是《项目式 C 语言教程(第二版)》(陈和洲主编，西安电子科技大学出版社，2022)的配套用书，分为以下两个部分：第一部分包括 Code::Blocks 详细使用说明以及 Code::Blocks 常见的出错信息，然后是 10 个上机实验，分别对应《项目式 C 语言教程(第二版)》一书中的 10 个项目；第二部分是习题解答，其中，选择题和填空题给出了答案并对涉及的知识点做了必要的说明，编程题给出了解题思路并提供了参考源程序。

本书由重庆航天职业技术学院张冬梅、何渝蔺、陈和洲任主编，重庆航天职业技术学院张彬、黄丽、黑国育任副主编。其中，张冬梅对全书的编写大纲进行了总体策划，对全书进行了统稿，编写了第 3～6 章；何渝蔺编写了第 7 章；陈和洲编写了第 1～2 章、第 11～13 章；张彬编写了第 8 章；黄丽编写了第 9 章；黑国育编写了第 10 章。

由于编者水平有限，书中难免有疏漏之处，恳请广大读者批评指正。

编者
2021 年 12 月

目　录

第一部分　上机指导

第二部分　习题解答

第一部分

上 机 指 导

第 1 章　Code::Blocks 详细使用说明

1.1　Code::Blocks 项目管理

图 1-1 是 Code::Blocks 运行时的用户界面。

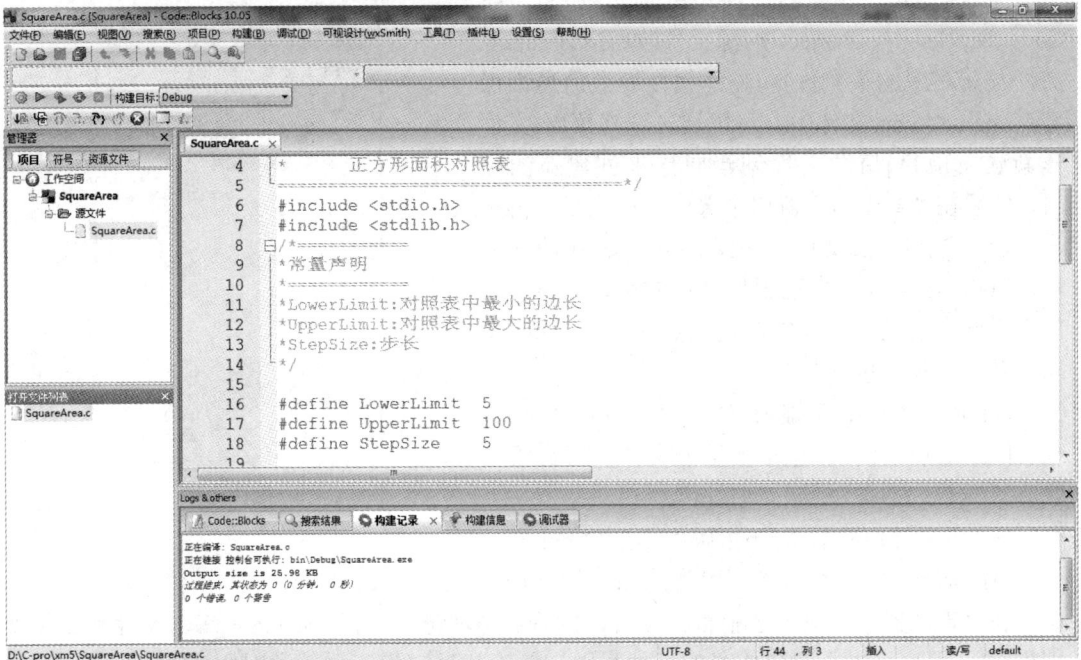

图　1-1

Code::Blocks 的用户界面主要包括以下几个部分：

(1) 管理器(Management)："管理器"窗口包含项目视图与符号视图。项目视图显示当前 Code::Blocks 打开的所有项目；符号视图显示项目中的标识符，即类、函数、变量等信息。

(2) 代码编辑器：支持代码折叠，关键字会高亮显示。

(3) 打开文件列表：显示当前在代码编辑器中打开的所有文件列表。

(4) 代码段(Code Snippets)：管理常用的代码段、常用文件链接(Links to Files)与 URL。可以通过选择菜单[视图→管理器]来显示该面板。

(5) 日志和其他：用于输出日志信息、显示查询结果等。

(6) 状态栏：它提供了以下一些信息。

① 在编辑器中打开文件的绝对路径；

② 文件的编码类型；

③ 光标所在的行与列；

④ 当前的键盘模式(Insert 或 Overwrite 模式)；

⑤ 当前的文件状态，被修改过的(但尚未保存)文件将被标记为"Modified"，否则这里为空；

⑥ 文件操作的权限，如果文件是只读的，则会显示"Read Only"信息，在"打开文件列表"窗口中，该文件会以一个加锁的图标来显示；

⑦ 个性化配置名称。一般显示为"Detault"信息。

Code::Blocks 提供了非常灵活和强大的项目管理功能。下面将介绍项目管理的一些常用功能。

1. 项目视图(Project View)

图 1-2 是"管理器"窗口的项目视图。 在 Code::Blocks 中，Project 的源文件(如 C/C++ 的源文件及其对应的头文件)和编译属性设置信息都保存在<name>.cbp 文件中。可以通过选择菜单[文件→新建→项目]启动工程创建向导来创建新的项目，然后在"管理器"窗口中选中目标项目，再点击右键，选择[添加文件]选项，向 Project 中添加文件。Code::Blocks 会自动根据文件的后缀名将它们放入不同类别的文件夹中，这个文件夹是虚拟的，实际并不存在。以下是默认的文件分类：

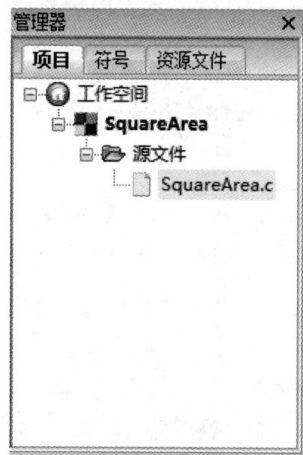

图 1-2

(1) 源文件：其后缀为"*.c""*.cpp"。

(2) ASM 文件：包括汇编源文件，其后缀一般为"*.s""*.S""*.ss""*.asm"。

(3) 头文件：其后缀一般为"*.h""*.hpp"。

(4) 资源文件：其后缀一般为"*.res""*.xrc"。

在"管理器"窗口中选中目标项目，然后点击右键，选择[项目树→编辑文件和文件类别]选项，用户可以新建自定义的文件类别，并为其设定相应文件类别的后缀。

图 1-3 所示的操作是手动添加一个名为"test"的虚拟文件夹，并指定后缀名是".abc"的文件放在此文件夹中。当在项目中添加一个对应此后缀名的文件后，它会自动进行分类，如图 1-4 所示。

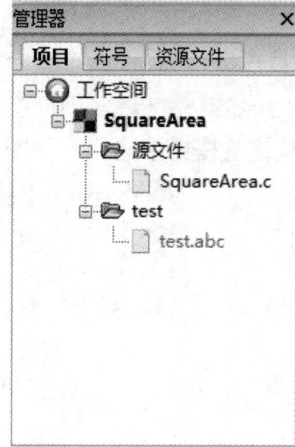

图　1-3　　　　　　　　　　　　　　　　图　1-4

提示：如果取消选中"管理器"窗口中点击右键所出现的[项目树→依据文件类型进行分类]选项，所有的项目文件将会按它们在文件系统中的位置来显示。

2. 项目备注

用户可以给 Code::Blocks 的项目添加一些备注信息，用于对项目进行简要的描述与说明，这些信息有助于其他成员迅速地了解项目。该备注信息被保存在项目工程文件中，并可以将其设置为随着项目的启动而显示，如图 1-5 所示。

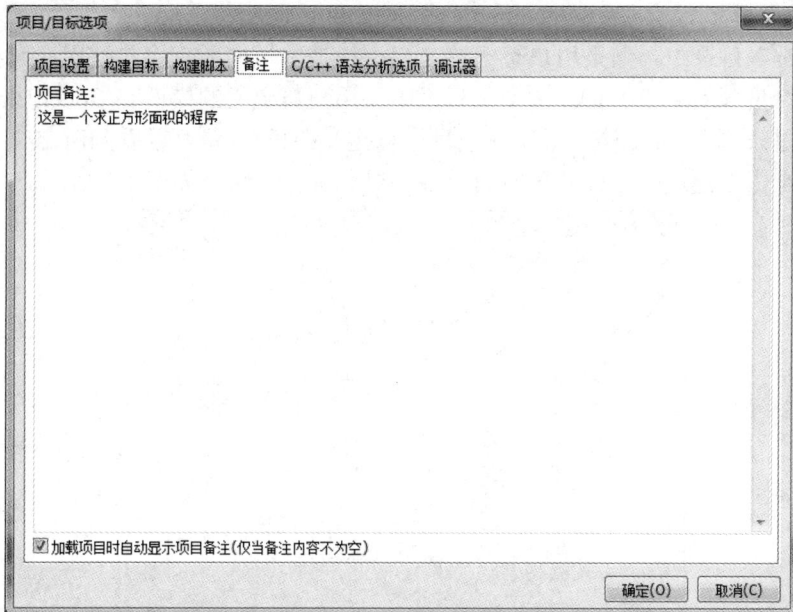

图　1-5

通过选择菜单[项目→属性]，可以打开如图 1-5 所示的"项目/目标选项"窗口，选择"备注"选项卡即可修改备注。勾选[加载项目时自动显示项目备注(仅当备注内容不为空)]选项，则可以在打开项目时自动显示备注。另外，选择菜单[项目→备注]，可以只打开备注对话框。

3. 项目模板

Code::Blocks 支持许多不同类型的项目模板，它们会在新建项目时显示，新建项目的模板往往从这些模板中选择，如图 1-6 所示。

图 1-6

用户可以自定义工程模板。工程模板保存编译器的类型、编译选项、资源的配置等相关信息。项目模板保存在"Documents and Settings\<user>\Application Data\codeblocks\UserTemplates"目录中。如果用户希望该工程模板被本机的所有用户使用，则必须把对应的模板文件拷贝到 Code::Blocks 的安装目录中。用户自定义的模板在 Code::Blocks 重启之后生效，通过选择菜单[文件→新建→项目→自定义模板]，就可以看到所定义的模板。用户可以通过点击右键选中工程向导中的模板并对其进行编辑，如图 1-7 所示。

图 1-7

4. 编译模式

一个项目可以有多种不同的编译模式，最常用的编译模式为"Debug"模式和"Release"模式。在"Debug"模式下包含许多 Debug 信息，而在"Release"模式下没有这些信息。一个项目也可以通过选择菜单[项目→属性→构建目标]添加其他的编译模式。

5. 从编译模式创建项目

Code::Blocks 的每一种编译模式都可以被保存成独立的工程文件。通过选择菜单[项目→属性]，打开"项目/目标选项"窗口，在"构建目标"选项卡中点击"从目标建立项目"按钮来生成对应编译模式的工程文件，如图 1-8 所示。

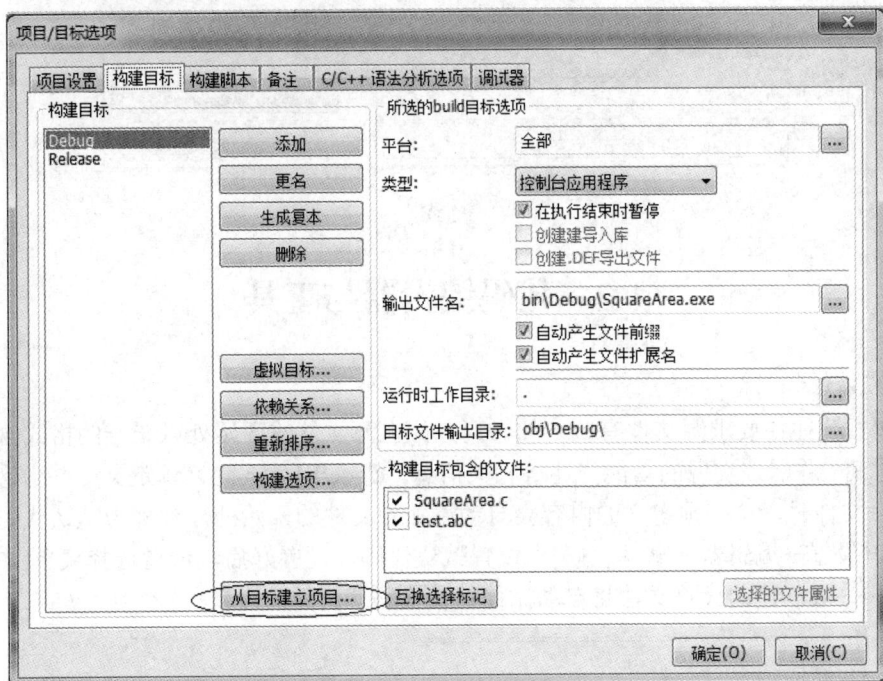

图 1-8

6. 工作空间与项目依赖

在 Code::Blocks 中，可以同时打开多个项目，通过选择菜单[文件→保存工作空间]把它们集成到一个工作空间中，并生成一个对应的工作空间文件(<name>.workspace)。当下次打开工作空间文件(<name>.workspace)时，这些项目会被一起加载进来。

复杂的软件系统通常由不同的模块、组件以及独立的工程项目组成，它们之间往往存在依赖关系。例如，项目 A 以"库"(Library)的形式提供一些公用函数给其他项目调用，如果项目 A 中的源代码被修改，这个库就得重新编译。项目 B 使用项目 A 中所实现的函数，那么项目 B 就依赖项目 A。Code::Blocks 把这些项目依赖的信息保存到工作空间文件中，由工作空间文件来维护各项目的依赖关系，因此工作空间中的工程文件可以各自独立地被创建、编译而不相互影响。这些依赖关系会决定项目的生成顺序。可通过选择菜单[项目→属性→项目设置]，然后选择"项目的依赖"按钮来设置项目之间的依赖关系，如图 1-9 所示。

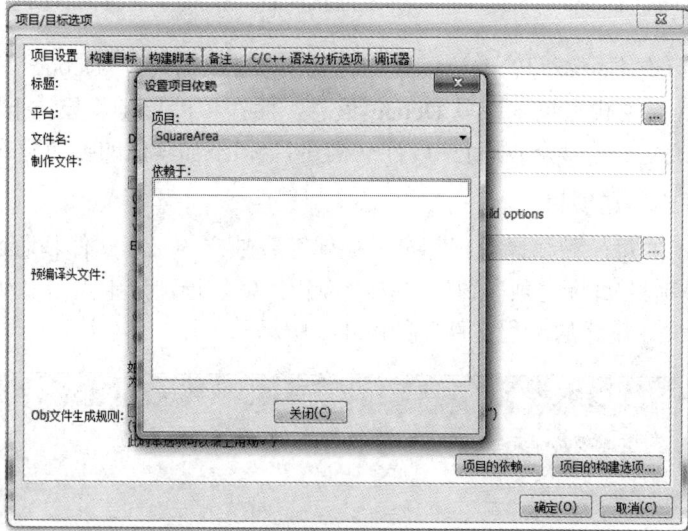

图 1-9

1.2 代码编辑器与工具

1. 默认代码

编码规范往往要求源文件有统一的布局，如在源文件的开始处以统一的格式给出文件创建的时间、作者、实现的功能描述等相关信息。Code:Blocks 允许预定义一些内容，当新建 C/C++文件时，这些预定义的内容会自动添加到文件的开始处，被称为默认代码。通过选择菜单[设置→编辑器→默认代码]来设置默认代码，设置好后，通过选择菜单[文件→新建→文件]，被创建的代码文件将自动添加默认代码。例如：

```
/*===============================
*程序名称：
*功能：
*作者：
==================================*/
#include <stdio.h>
#include <stdlib.h>
/*============
*常量声明
*============
*
*/


#define
/*函数声明*/
```

```
/*主函数*/

int main()
{

    return 0;
}

/*===========
*函数名称：
*===========
*函数功能：
*/
```

2. 缩写词

定义一个常用的代码段，并给它提供一个关键字，该关键字称为缩写词。在写程序时，只要给出这个关键字，然后使用快捷键 Ctrl + J，Code::Blocks 就会用预先定义的代码段来替换该关键字。通过选择菜单[设置→编辑器]来设置缩写词，如图 1-10 所示。

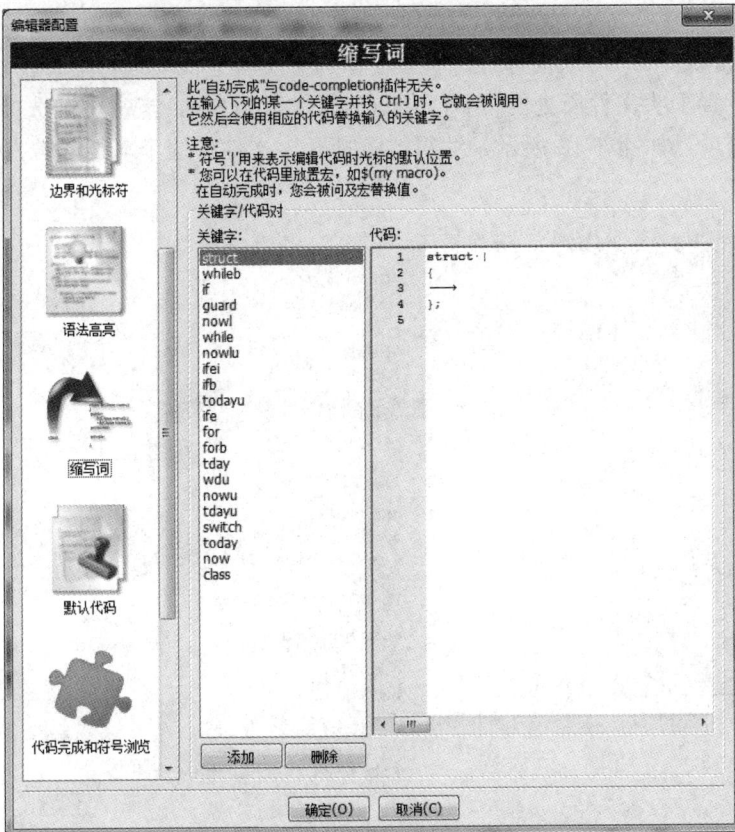

图　1-10

3. 导航与搜索

Code::Blocks 提供了很多方法用于文件和函数之间的导航。其中，书签是最常用的一种方式。通过使用快捷键 Ctrl ＋ B 在源文件中设置/删除一个书签，通过使用快捷键 Alt ＋ PageUp 或 Alt＋PageDown 在不同的书签之间跳转。

在"管理器"窗口的项目视图中选中工作空间文件或目标项目，然后点击右键，在弹出的菜单中选择[查找文件…]选项，输入所要查找的文件的名称，然后按回车键，该文件将被选中(如果该文件存在)，再按回车键，编辑器就会打开该文件，如图 1-11 所示。

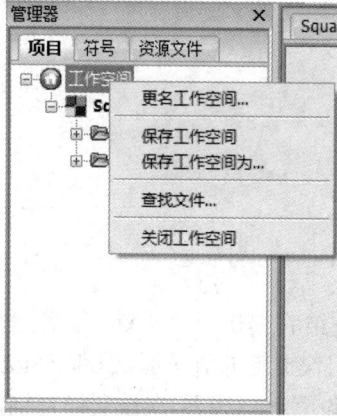

图　1-11

在 Code::Blocks 中，可以很容易地在头文件与源文件之间实现导航，有以下几个方面：

(1) 将光标置于头文件所处的位置(如#include <stdio.h>)，点击右键选择[打开#include 文件:'stdio.h']选项，如图 1-12 所示，编辑器将打开该文件。这个功能非常方便，特别是在查看源代码时。

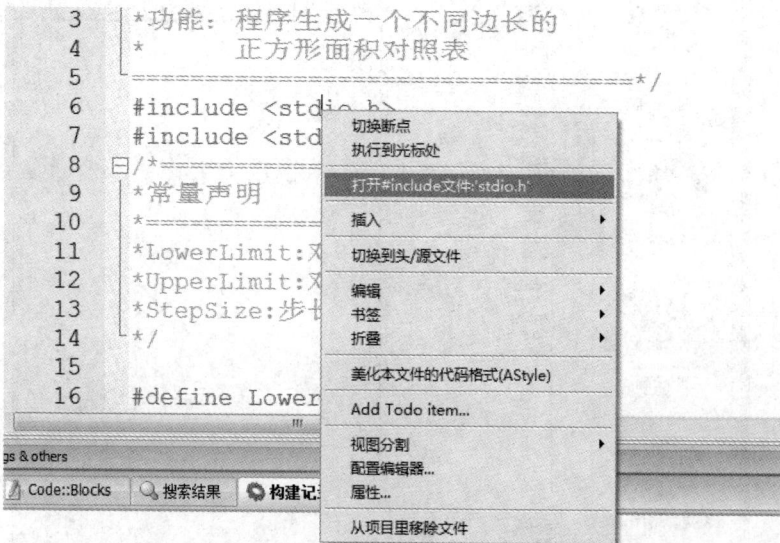

图　1-12

(2) 通过点击右键，选择菜单[切换到头/源文件]，可在头文件与源文件之间切换，如图

1-13 所示。

　　(3) 选中一个变量名、类型名或者函数名等，点击右键，选择菜单[查找'SquareArea'的声明]和[查找'Square Area'的实现]，编辑器则会打开该变量或者函数的声明和实现，如图 1-13 所示。

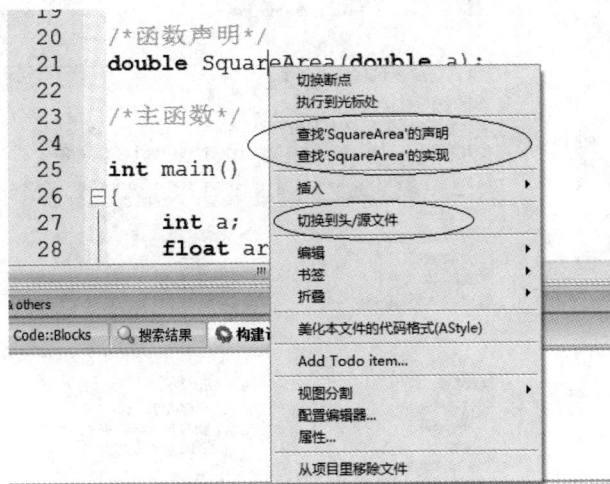

图　1-13

　　Code::Blocks 提供多种方式用于对单个文件或整个目录进行搜索。通过选择菜单[搜索→查找]或[搜索→Find in Files]来打开"搜索"对话框。

　　快捷键 Alt + G 和 Ctrl + Alt + G 用于打开文件/函数的"跳转"对话框，只要输入文件/函数的名称，就可以很方便地跳转到指定文件或函数。文件/函数名称的搜索还支持"*"和"?"等通配符。

　　提示：使用快捷键 Ctrl + PageUp 和 Ctrl + PageDown 可以在上一个函数和下一个函数之间跳转。

　　在文本编辑器中，使用快捷键 Ctrl + Tab 可以在当前所有打开的文件之间跳转，如图 1-14 所示。

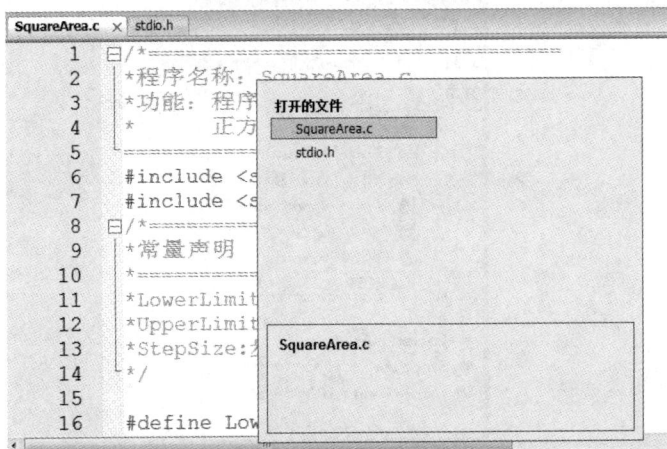

图　1-14

通过选择菜单[设置→编辑器→常规设置]，勾选[显示行号]选项，可以显示行号，如图 1-15 所示。使用快捷键 Ctrl + G 可以快速地跳转到指定行。

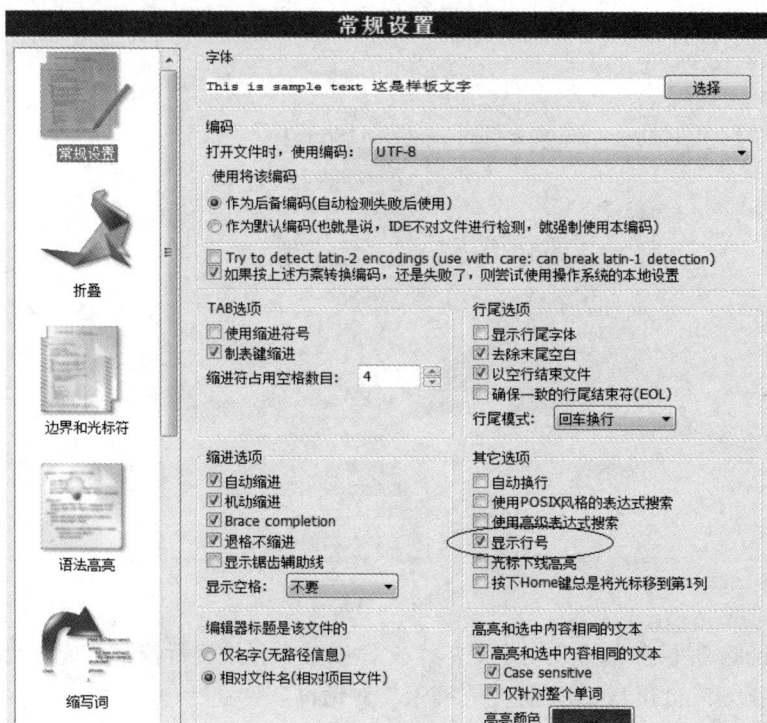

图　1-15

4. 符号视图

Code::Blocks 的"管理器"窗口所提供的符号视图，以"树"的形式显示(导航)C/C++ 源文件中的类、函数、变量定义，如图 1-16 所示。可以选择符号显示的区域包括当前文件、当前项目及整个工作空间。

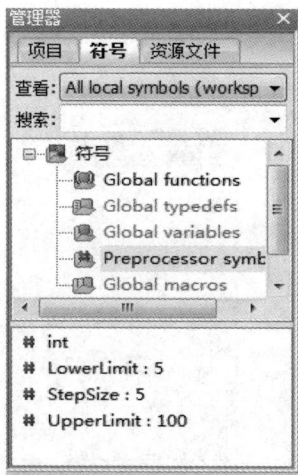

图　1-16

提示：在搜索输入框中输入符号的名称，符号浏览器会过滤不符合条件的符号。

符号视图将符号分为以下几类：

(1) Global functions：全局函数。

(2) Global typedefs：通过 typedef 定义的别名。

(3) Global variables：全局变量。

(4) Preprocessor symbols：通过#define 宏定义的预处理指示符。

结构和类的定义显示在"Preprocessor symbols"中。如果一个分类被选中，属于该分类的标识符将显示在视图的下半部分。用鼠标双击这些标识符，代码编辑器将定位到这些标识符文件所在的位置。

1.3　Code::Blocks 的常用功能

本节将介绍 Code::Blocks 一些非常有用的功能。

1. 修改跟踪

Code::Blocks 通过行号旁边的小颜色竖条来跟踪源文件的修改，如图 1-17 所示。未保存的修改行将被标记为黄色，而已保存的修改行标记为绿色。通过选择菜单[搜索→转到已修改的下一行]或[搜索→转到已修改的上一行]可以在修改内容之间导航(对应的快捷键是 Ctrl + F3 和 Ctrl + Shift + F3)。

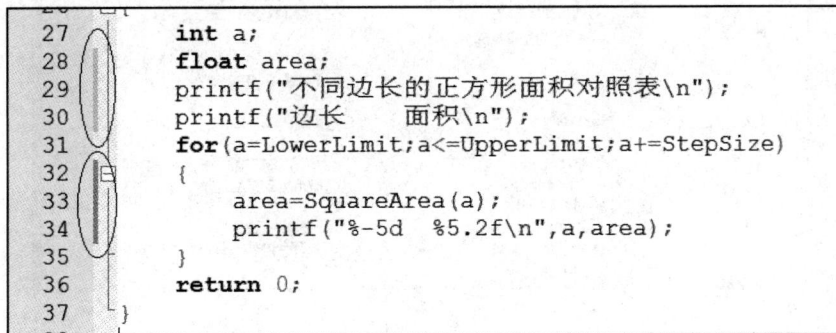

```
27        int a;
28        float area;
29        printf("不同边长的正方形面积对照表\n");
30        printf("边长      面积\n");
31        for(a=LowerLimit;a<=UpperLimit;a+=StepSize)
32        {
33            area=SquareArea(a);
34            printf("%-5d  %5.2f\n",a,area);
35        }
36        return 0;
37    }
```

图　1-17

通过选择菜单[设置→编辑器→边界和光标符]，可以取消选中[Use Changebar]选项来取消该功能。

提示：如果文件被关闭，记录在该文件上的"Undo/Redo"信息和修改标识(Change Bars)将会清空。如果文件处于打开状态，可以通过选择菜单[编辑→清除修改历史]或者点击右键，在弹出的菜单中选择相应的选项来清空这些信息。

2. 项目切换

当多个项目同时在 Code::Blocks 中被打开，而用户希望快速地在这些项目之间切换时，Code::Blocks 提供了以下一组快捷键来实现：

(1) Alt + F5 键：将视图中前一个项目设为激活(Active)项目。

(2) Alt + F6 键：将视图中后一个项目设为激活项目。

(3) F11 键：在编辑器中切换源文件(<name>.c)和头文件(<name>.h)。

3. 编辑器缩放

Code::Blocks 提供了一个非常高效的编辑器，这个编辑器允许缩放文本的字体大小。如果鼠标有滚轮，只要按住 Ctrl 键，同时滚动鼠标滚轮，就可以实现文本的缩放。

提示： 通过选择菜单[编辑→特设命令→缩放→重置]可以重置缩放。

4. 自动换行模式

在 Code::Blcoks 中打开一个文本文件，使用自动换行模式可以将很长的文字以多行的形式显示在一个屏幕内，这样有利于编辑。通过选择菜单[设置→编辑器→常规设置]，勾选[自动换行]选项来激活自动换行模式，如图 1-18 所示。

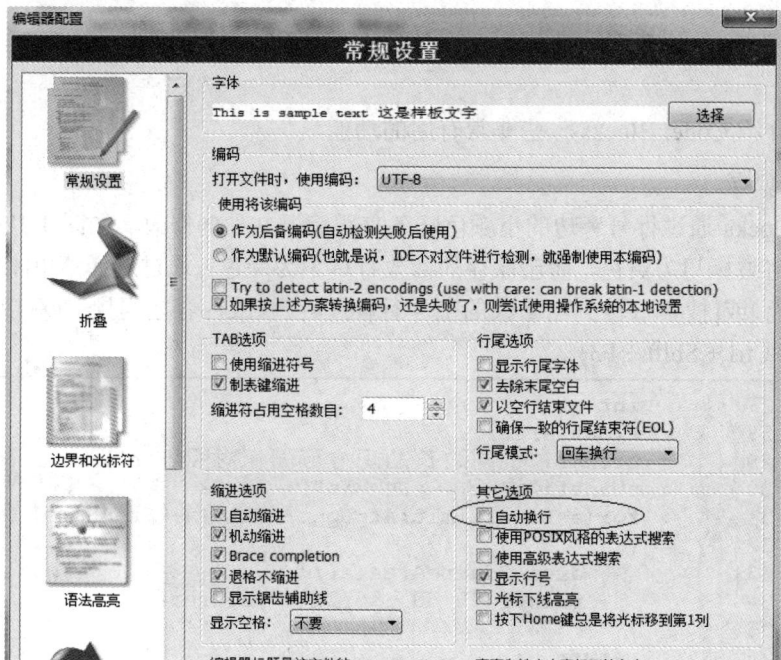

图　1-18

5. 框选文本

Code::Blocks 支持在代码编辑器中框选文本。方法是在按住 Alt 键的同时按住鼠标左键，在编辑器中选择一块区域。如果需要选择数组的几列进行复制和粘贴，这个功能是非常有用的，如图 1-19 所示。

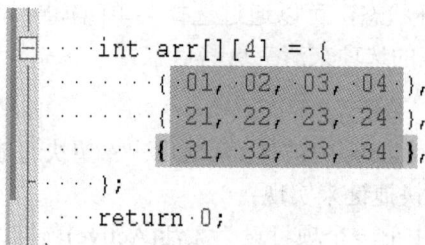

图　1-19

6. 代码折叠

Code::Blocks 支持代码折叠，允许将函数、类的定义折叠起来。

提示：通过选择菜单[设置→编辑器→折叠]可以设置代码折叠的样式和层次限制。

7. 自动完成

自动完成是指当输入变量名或者函数名称时，Code::Blocks 会根据所输入的内容进行提示。例如在输入 printf 函数时，如果当输入"prin"时就给出了提示，这时可以按回车键，则会自动补充完整，如图 1-20 所示。

```
25    int main()
26    {
27        int a;
28        float area;
29        printf("不同边长的正方形面积对照表\n");
30        printf("边长    面积\n");
31        for(a=LowerLimit;a<=UpperLimit;a+=StepSize)
32        {
33            area=SquareArea(a);
34            printf("%-5d  %5.2f\n",a,area);
35        }
36        prin
37        (o) printf
38    }
```

图　1-20

在 Code::Blocks 中打开一个项目时，编译器的相关目录(include 目录)与项目的源文件/头文件将被解析，提取出有关类型定义、函数、宏等信息，Code::Blocks 使用这些信息来实现自动完成功能。自动完成功能可以完成项目中的函数名、变量名、符号常量等的名称输入。通过选择菜单[设置→编辑器→代码完成和符号浏览]启用该功能，在默认情况下该功能是启动的。

8. 查找破损文件

当一个文件已经从磁盘中删除，但它仍然被包含在项目文件(<project>.cbp)中时，这个文件在项目面板中显示为一个破损符号，如图 1-21 所示。这时应该点击右键，通过选择菜单[从项目移除文件]将它从项目中移除。

```
Workspace
  cb_study
    Sources
      main.cpp
      person.cpp
      test.cpp
    Headers
      person.hpp
```

图　1-21

一个大的工程可能包含许多子文件夹，搜索破损文件会非常花费时间。Code:Blocks 所提供的 Thread Search 插件可以解决这个问题。在 Thread Search 插件中输入要查找的表达式，并设置查找的范围，如"Project files"或者"Workspace files"，Thread Search 插件将会分析所有包括在项目或者解决方案中的文件。当 Thread Search 插件找到一个破损文件时，它会发出一个文件丢失的提示。

9. 自动保存

Code::Blcoks 允许自动保存当前正在编辑的文件和项目，或者对它们进行备份。通过选择菜单[设置→环境→自动保存]可以激活该功能。

1.4　Code::Blocks 的调试功能

1. 设置断点

在启动调试前需要先设置断点，让程序执行到该处时暂停一下。设置断点有以下两种方法：

(1) 把光标移动到要设置断点的行，然后选择菜单[调试→切换断点](使用 F5 键)，就可以在本行设置断点了，再次按 F5 键则会清除该断点。

(2) 用鼠标左键点击行标的右边，再次点击鼠标左键会清除该断点。

设置好断点后会在行标的右边出现一个红色的点，如图 1-22 所示。

```
27          int a;
28          float area;
29          printf("不同边长的正方形面积对照表\n");
30●         printf("边长    面积\n");
31          for(a=LowerLimit;a<=UpperLimit;a+=StepSize)
32     ⊟    {
33              area=SquareArea(a);
34              printf("%-5d  %5.2f\n",a,area);
35          }
36          return 0;
37     }
```

图　1-22

一个程序可以设置多个断点，如果需要清除所有的断点，可以选择菜单[调试→清除所有断点]。

2. 启动调试程序

选择菜单[调试→开始](使用 F8 键)，启动调试程序，程序会自动运行到第一个断点位置。若没有设置断点，整个程序会自动运行完。当开始调试后，选择菜单[调试→继续](使用 Ctrl+F7 键)，程序运行到下一个断点。

3. 监视

在调试时，可以通过"监视"窗口随时观察每个变量的数值。通过选择菜单[调试→调试窗口→监视]，打开"监视"窗口，如图 1-23 所示。

为了方便查看，在图 1-23 中，"监视"窗口被放置在了左侧。若需要向"监视"窗口增加监视变量，可以在"监视"窗口中点击右键，选择[添加监视]选项，然后输入变量名或者在程序中的变量名称上点击右键，选择[监视'XXXX']选项。

图 1-23

4. 调试

调试菜单如图 1-24 所示。其中，[继续]选项使程序运行到下一个断点位置。[下一行]选项则使程序执行到下一行程序，如果遇到函数，则不深入到函数内部执行。若让程序流程进入函数内部，查看函数内部的执行，则需要选择[跟进]选项，程序遇到函数，会执行到函数内部，方便查看函数内部的参数变化。[跟出]选项恰好与[跟进]选项相反，不深入到函数内部执行。

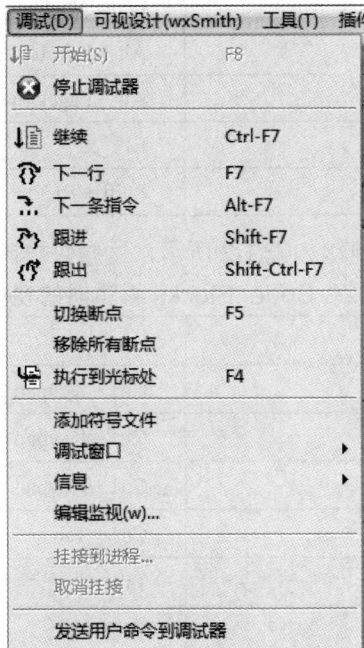

图 1-24

1.5 快　捷　键

在 Code::Blocks 中，几乎所有的功能都可以用键盘完成，使用快捷键比使用鼠标更为高效。表 1-1 给出 Code::Blocks 在使用过程中常用的快捷键。

表 1-1　Code::Blocks 常用的快捷键

功　　能	快　捷　键
撤消	Ctrl + Z
重做	Ctrl + Shift + Z
剪切	Ctrl + X
复制	Ctrl + C
粘贴	Ctrl + V
全选	Ctrl + A
在同名的头文件和源文件之间切换	F11
把代码段变成注释	Ctrl + Shift + C
取消代码段注释	Ctrl + Shift + X
在当前位置插入一空行	Ctrl + D
缩写	Ctrl + Space / Ctrl + J
与上一行交换	Ctrl + T
设置书签	Ctrl + B
上一个书签	Alt + PageUp
下一个书签	Alt + PageDown
折叠展开	F12
折叠	Shift + F12

Code::Blocks 编辑器的快捷键如表 1-2 所示，这些快捷键不能被重新绑定(Rebound)。

表 1-2　Code::Blocks 编辑器的快捷键

功　　能	快　捷　键
放大	Ctrl + Keypad "+"
缩小	Ctrl + Keypad "-"
恢复	Ctrl + Keypad "/"
切换文件	Ctrl + Tab
缩进	Tab
取消缩进	Shift + Tab
删除光标前面的单词	Ctrl + BackSpace

功　　能	快　捷　键
删除光标后面的单词	Ctrl + Delete
删除从光标处到本行开头所有字符	Ctrl + Shift + BackSpace
删除从光标处到本行结尾所有字符	Ctrl + Shift + Delete
将光标移动到文档开头	Ctrl + Home
选中从文档开头到光标处所有内容	Ctrl + Shift + Home
光标移动到本行开头	Alt + Home
选中从本行开头到光标处的内容	Alt + Shift + Home
光标移动到文档末尾	Ctrl + End
选中从光标到文档末尾的内容	Ctrl + Shift + End
光标移动到本行末尾	Alt + End
选中从光标到本行末尾的内容	Alt + Shift + End
光标移动到上一个函数	Ctrl + Up
光标移动到下一个函数	Ctrl + Down
行剪切	Ctrl + L
行复制	Ctrl + Shift + T
行删除	Ctrl + Shift + L
把光标所在行与上一行交换	Ctrl + T
重复输入光标所在行	Ctrl + D
光标移动到上一段文字	Ctrl + [
光标移动到下一段文字	Ctrl +]
光标移动到下一个单词	Ctrl + Left
光标移动到上一个单词	Ctrl + Right

Code::Blocks 文件操作的快捷键如表 1-3 所示。

表 1-3　Code::Blocks 文件操作的快捷键

功　　能	快　捷　键
新建空白文件	Ctrl + Shift + N
打开文件	Ctrl + O
保存当前文件	Ctrl + S
保存所有文件	Ctrl + Shift + S
关闭当前文件	Ctrl + F4 / Ctrl + W
关闭所有文件	Ctrl + Shift + F4 / Ctrl + Shift + W

Code::Blocks 视图菜单的快捷键如表 1-4 所示。

表 1-4　Code::Blocks 视图菜单的快捷键

功　　能	快　捷　键
查看日志	F2
打开管理器	Shift + F2
在项目树中把当前项目向上移动	Ctrl + Shift + Up
在项目树中把当前项目向下移动	Ctrl + Shift + Down
激活上一个项目	Alt + F5
激活下一个项目	Alt + F6
缩放打开的文件	Ctrl + Roll Mouse Wheel
切换打开的文件	Ctrl + Tab

Code::Blocks 搜索功能的快捷键如表 1-5 所示。

表 1-5　Code::Blocks 搜索功能的快捷键

功　　能	快　捷　键
查找	Ctrl + F
查找下一个	F3
查找前一个	Shift + F3
在多文件中查找	Ctrl + Shift + F
替换	Ctrl + R
在多文件中替换	Ctrl + Shift + R
转到行	Ctrl + G
转到已修改的下一行	Ctrl + F3
转到已修改的上一行	Ctrl + Shift + F3
转到文件	Alt + G
转到函数	Ctrl + Alt + G
转到上一个函数	Ctrl + PageUp
转到下一个函数	Ctrl + PageDown
转到声明	Ctrl + Shift + .
转到实现	Ctrl + .
打开包含文件	Ctrl + Alt + .

Code::Blocks 构建功能的快捷键如表 1-6 所示。

表 1-6 Code::Blocks 构建功能的快捷键

功　　能	快　捷　键
构建当前文件	Ctrl + F9
编译当前文件	Ctrl + Shift + F9
运行当前文件	Ctrl + F10
构建并运行当前文件	F9
重新构建当前文件	Ctrl + F11

Code::Blocks 调试功能的快捷键如表 1-7 所示。

表 1-7 Code::Blocks 调试功能的快捷键

功　　能	快　捷　键
调试	F8
继续调试	Ctrl + F7
将光标移至下一行	F7
将光标移至下一条指令	Alt + F7
跟进	Shift + F7
跟出	Ctrl + Shift + F7
切换断点	F5
执行到光标所在位置	F4
将光标移至上一条错误	Alt + F1
将光标移至下一条错误	Alt + F2

第 2 章 Code::Blocks 常见的出错信息

2.1 编译器设置

在使用 Code::Blocks 进行程序编译时，会出现一些出错提示。出错提示分为错误和警告两种：错误是指必须改正才能够正常编译的一类出错；而警告是指能够进行编译，但可能会出现轻微问题的出错。

Code::Blocks 使用了 Windows 系统下的 GCC 编译器 MinGW。MinGW 是完全免费的软件，它在 Windows 平台上模拟了 Linux 的 GCC 的开发环境，为 C++的跨平台开发提供了良好基础支持，为在 Windows 系统下工作的程序员熟悉 Linux 的 C/C++工程组织提供了条件。MinGW 提供了一套简单、方便的 Windows 系统下的基于 GCC 程序的开发环境。MinGW 收集了一系列免费的 Windows 使用的头文件和库文件，同时整合了 GNU 的工具集，特别是 GNU 程序开发工具，如经典的 GCC、G++、Make 等。

若编译器的位置配置不正确，则在编译时会出现错误提示："'XXXXX-Debug' uses an invalid compiler. Probably the toolchain path within the compiler options is not setup correctly?! Skipping..."。当出现这个错误提示时，需要重新配置编译器，选择菜单[编译器和调试器设置]，然后在"全局编译器设置"页面中选择"可执行工具链"选项卡，如图 2-1 所示。

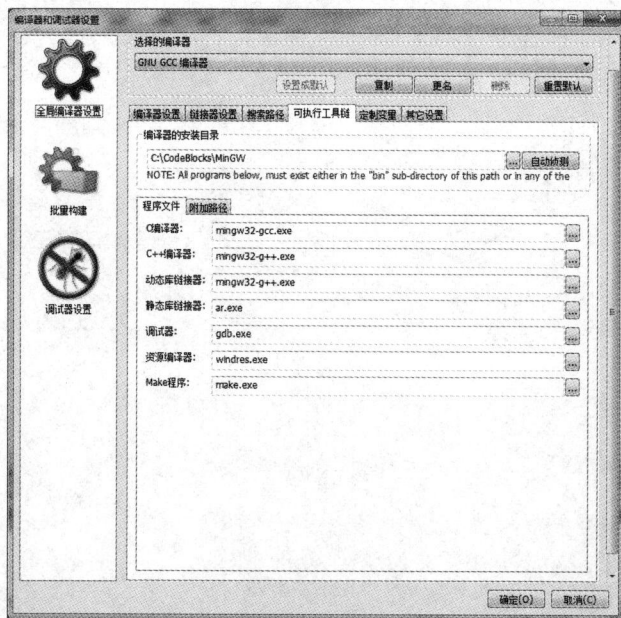

图   2-1

一般来说，按 [自动侦测] 按钮即可自动检测 Code::Blocks 文件夹内的编译器，若自动检测后还无法解决问题，则需要点击 [自动侦测] 按钮前的 [...] 图标，手动选择编译器。图 2-1 中的目录是把 Code::Blocks 文件夹放置在 C 盘根目录下时的编译器目录；若是在其他位置，请自行选择。需要注意的是，尽量不要使用中文的路径或者太深的路径，如将 Code::Blocks 文件夹放在桌面上。

2.2　Code::Blocks 常见错误提示

Code::Blocks 的错误提示有很多，以下介绍在初学者中常见的一些错误提示。

1. 漏写分号

分号是 C 程序语句的结束符号，不能遗漏，否则会出现错误提示，主要有以下几种：

(1) 在定义变量时漏写分号，如图 2-2 所示。

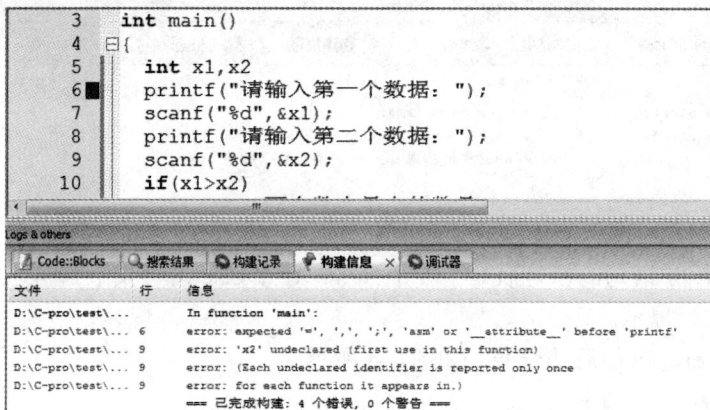

图　2-2

图 2-2 中在定义变量时漏掉了分号，编译后的错误提示有很多。第 6 行的错误是 printf 语句前没有 "="""," ";" "asm" 或 "__attribute__"，既然是在其前面，只能看上一行，则是缺少了分号。当把分号补齐后，其他的错误提示就消失了。

(2) 一般的漏写分号情况如图 2-3 所示。

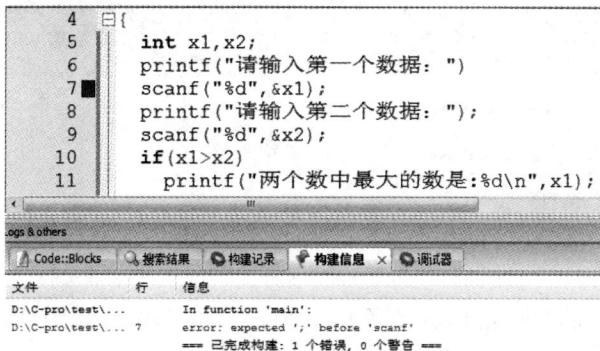

图　2-3

第 7 行出现错误提示，提示信息是 scanf 语句前遗漏了分号 ";"，其实就是第 6 行少写了分号 ";"。

2. 多写了分号

多写了分号的情况主要有以下几种：

(1) 多写了 if 语句后的分号，如图 2-4 所示。

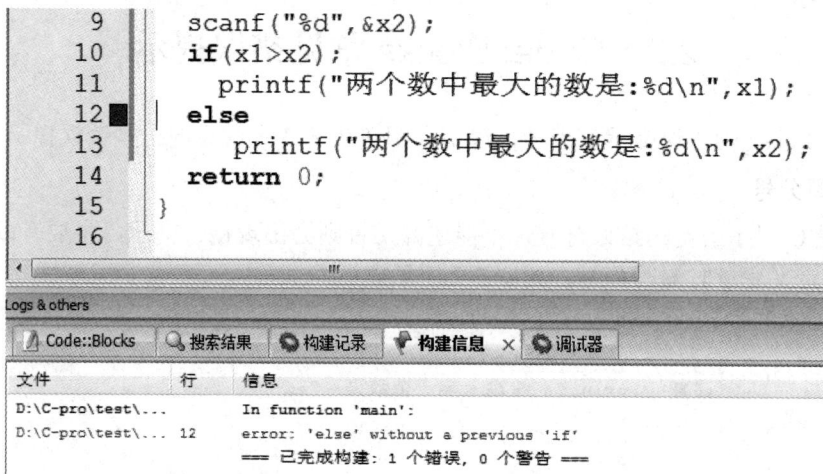

```
 9      scanf("%d",&x2);
10      if(x1>x2);
11        printf("两个数中最大的数是:%d\n",x1);
12      else
13        printf("两个数中最大的数是:%d\n",x2);
14      return 0;
15    }
16
```

Logs & others

| Code::Blocks | 搜索结果 | 构建记录 | 构建信息 × | 调试器 |

文件	行	信息
D:\C-pro\test\...		In function 'main':
D:\C-pro\test\...	12	error: 'else' without a previous 'if'
		=== 已完成构建: 1 个错误, 0 个警告 ===

图 2-4

因为第 10 行 if 语句的括号后写了一个分号，导致 else 语句找不到与之对应的 if 语句，所以才给出了错误提示。

(2) 多写了 else 语句后的分号，如图 2-5 所示。

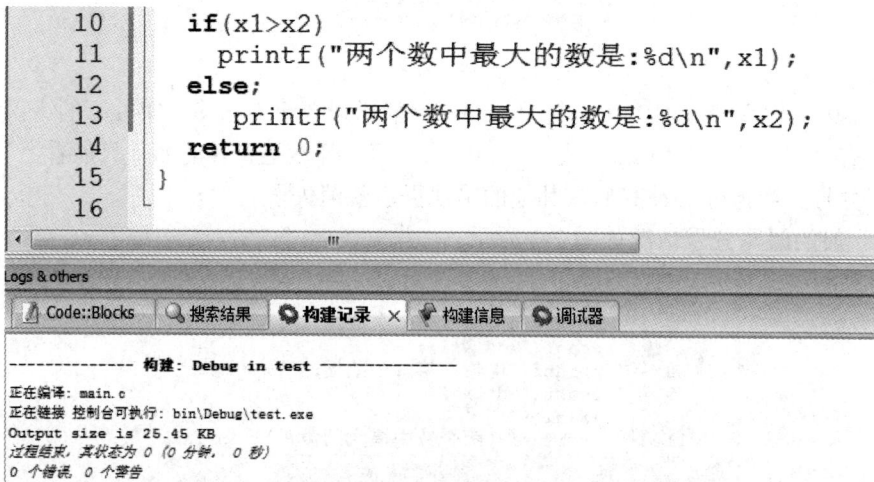

```
10      if(x1>x2)
11        printf("两个数中最大的数是:%d\n",x1);
12      else;
13        printf("两个数中最大的数是:%d\n",x2);
14      return 0;
15    }
16
```

Logs & others

| Code::Blocks | 搜索结果 | 构建记录 × | 构建信息 | 调试器 |

```
-------------- 构建: Debug in test ---------------
正在编译: main.c
正在链接 控制台可执行: bin\Debug\test.exe
Output size is 25.45 KB
过程结束, 其状态为 0 (0 分钟, 0 秒)
0 个错误, 0 个警告
```

图 2-5

图 2-5 中第 12 行的 else 语句后多写了一个分号，但是编译系统没有给出任何的错误提示，这是因为没有语法错误，但不代表没有逻辑上的错误。if-else 语句的逻辑变成了如果 $x1 > x2$，则输出最大的数 x1，否则什么都不执行。然后执行第 13 行的 printf 函数，也就是

说，无论 x1 和 x2 是什么关系，第 13 行的 printf 函数都要执行。这种不给出错误提示的语
句需要注意。

(3) 多写了 for 语句中的分号，如图 2-6 所示。

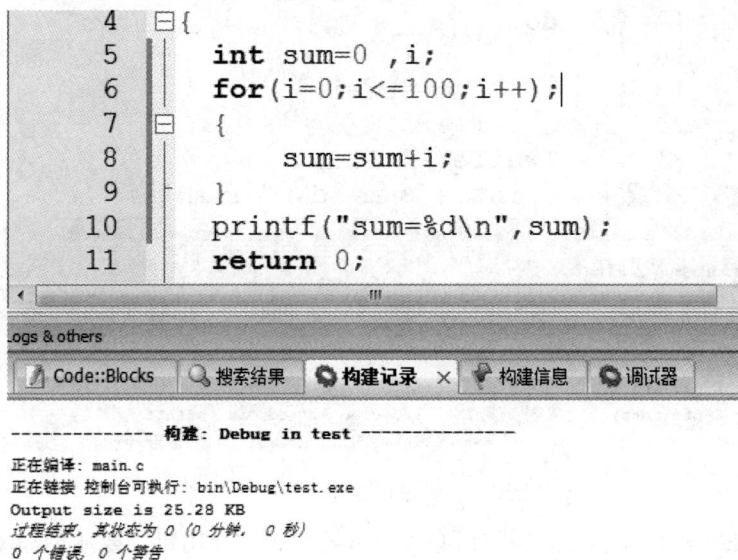

```
 4   ┌ {
 5   │     int sum=0 ,i;
 6   │     for(i=0;i<=100;i++);│
 7   ┌     {
 8   │         sum=sum+i;
 9   └     }
10         printf("sum=%d\n",sum);
11         return 0;
```

Logs & others

| Code::Blocks | 搜索结果 | 构建记录 × | 构建信息 | 调试器 |

-------------- 构建: Debug in test ---------------

正在编译: main.c
正在链接 控制台可执行: bin\Debug\test.exe
Output size is 25.28 KB
过程结束，其状态为 0 (0 分钟，0 秒)
0 个错误，0 个警告

图　2-6

图 2-6 所示的是一个求 $1+2+3+\cdots+100$ 和值的程序，应该没有错误，但是得到的答
案却不是 5050，而是 101。因为第 6 行 for 语句的括号后多了一个分号，所以 i 在从 0 变化
到 100 的过程中，反复执行的语句就只有一个分号，成为了空语句。

(4) 多写了 while 语句中的分号，如图 2-7 所示。

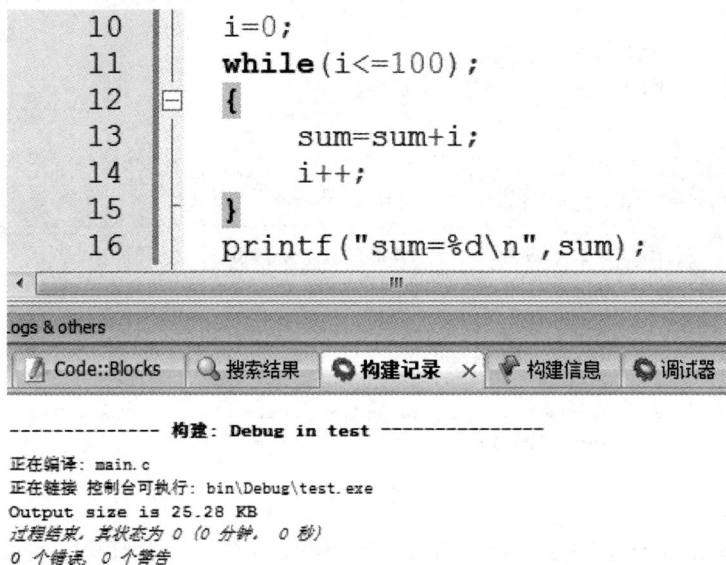

```
10         i=0;
11         while(i<=100);
12   ┌     {
13   │         sum=sum+i;
14   │         i++;
15   └     }
16         printf("sum=%d\n",sum);
```

Logs & others

| Code::Blocks | 搜索结果 | 构建记录 × | 构建信息 | 调试器 |

-------------- 构建: Debug in test ---------------

正在编译: main.c
正在链接 控制台可执行: bin\Debug\test.exe
Output size is 25.28 KB
过程结束，其状态为 0 (0 分钟，0 秒)
0 个错误，0 个警告

图　2-7

在 while 语句后面不要有分号，若在图 2-7 中第 11 行的 while 语句后写分号，会导致

该程序进入死循环。

(5) 多写了 do-while 语句中的分号，如图 2-8 所示。

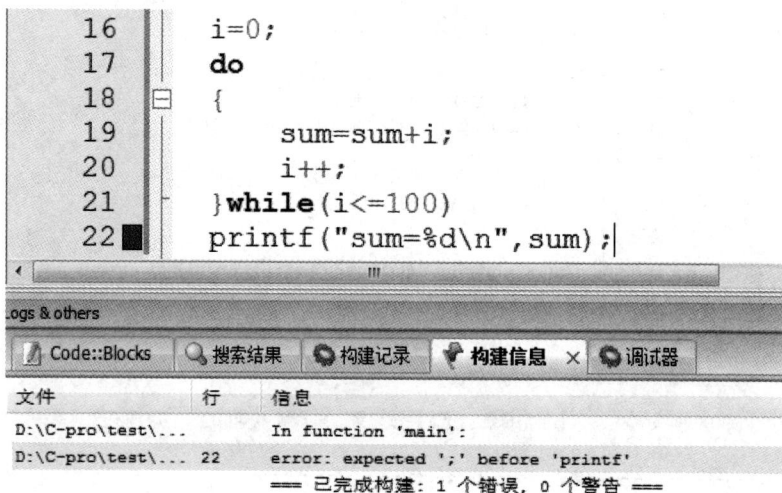

```
16        i=0;
17        do
18      □ {
19            sum=sum+i;
20            i++;
21        }while(i<=100)
22        printf("sum=%d\n",sum);|
```

```
ogs & others
  Code::Blocks    搜索结果    构建记录    构建信息  ×    调试器

文件                  行      信息
D:\C-pro\test\...            In function 'main':
D:\C-pro\test\...    22      error: expected ';' before 'printf'
                    === 已完成构建: 1 个错误, 0 个警告 ===
```

图　2-8

在 do-while 语句中，while 语句后必须有分号，否则会出错。要注意与 while 和 for 语句相区别。

3. 文件名错误

文件名书写的错误如图 2-9 所示。

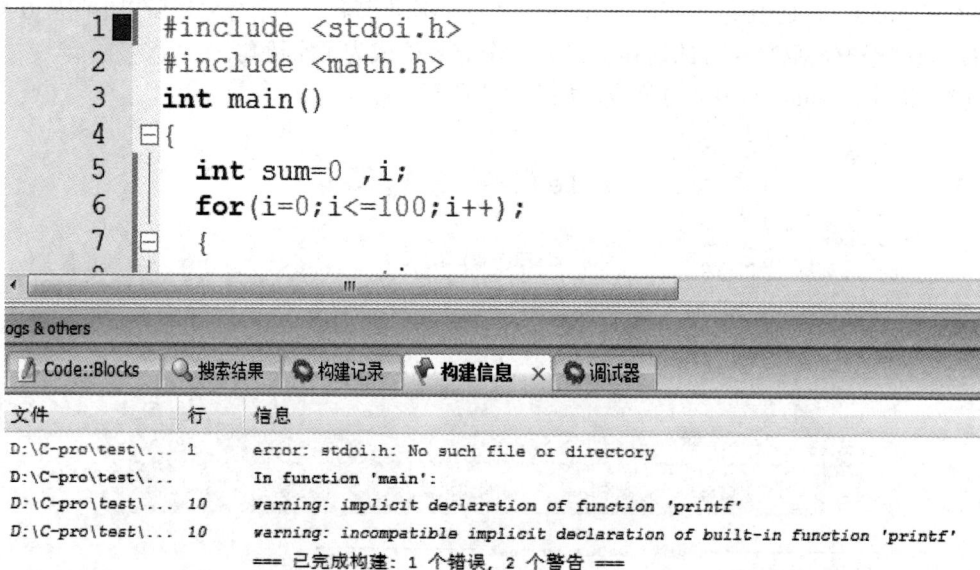

```
1        #include <stdoi.h>
2        #include <math.h>
3        int main()
4      □ {
5          int sum=0 ,i;
6          for(i=0;i<=100;i++);
7      □   {
```

```
ogs & others
  Code::Blocks    搜索结果    构建记录    构建信息  ×    调试器

文件                  行      信息
D:\C-pro\test\...    1       error: stdoi.h: No such file or directory
D:\C-pro\test\...            In function 'main':
D:\C-pro\test\...    10      warning: implicit declaration of function 'printf'
D:\C-pro\test\...    10      warning: incompatible implicit declaration of built-in function 'printf'
                    === 已完成构建: 1 个错误, 2 个警告 ===
```

图　2-9

此处把 stdio.h 错误地写成了 stdoi.h，导致找不到文件，因此会提示错误。

4. 中文符号和英文符号

在 C 语言的程序中，除了 printf 函数的引号内部可以使用中文以及中文符号外，其他的地方都不能用中文符号；若使用了，则会出现字符编码的错误提示，如图 2-10 所示。

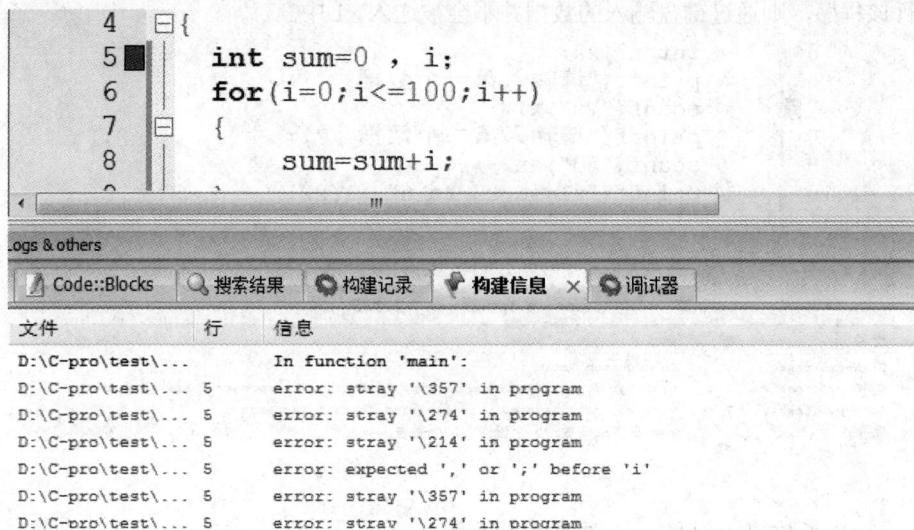

```
4    □{
5 ■      int sum=0 , i;
6        for(i=0;i<=100;i++)
7    □    {
8            sum=sum+i;
```

Logs & others

| Code::Blocks | 搜索结果 | 构建记录 | **构建信息** × | 调试器 |

文件	行	信息
D:\C-pro\test\...		In function 'main':
D:\C-pro\test\...	5	error: stray '\357' in program
D:\C-pro\test\...	5	error: stray '\274' in program
D:\C-pro\test\...	5	error: stray '\214' in program
D:\C-pro\test\...	5	error: expected ',' or ';' before 'i'
D:\C-pro\test\...	5	error: stray '\357' in program
D:\C-pro\test\...	5	error: stray '\274' in program

图　2-10

因为在图 2-10 中第 5 行的语句中，分号和逗号都使用了中文的符号，所以给出了错误提示。同时注意观察字体的颜色也可以看出该错误。Code::Blocks 按照颜色分类显示：关键字用蓝色字体显示，各种运算符用红色字体显示，符号用红色字体显示。图 2-10 中第 5 行的逗号和分号都显示为黑色，它们不是 C 语言的运算符和符号。

5. scanf 函数和 printf 函数

scanf 函数和 printf 函数是在写程序时使用最多的两个系统函数，以下单独列举几种函数在使用中的错误：

(1) scanf 函数缺少逗号，如图 2-11 所示。图 2-11 中第 7 行的 scanf 函数格式控制和参数表列之间缺少了逗号，给出了一个无效的操作数的错误提示。

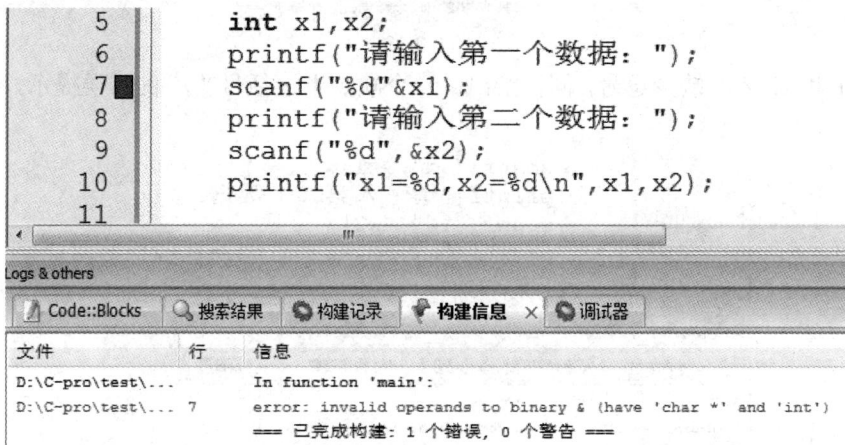

```
5        int x1,x2;
6        printf("请输入第一个数据：");
7 ■      scanf("%d"&x1);
8        printf("请输入第二个数据：");
9        scanf("%d",&x2);
10       printf("x1=%d,x2=%d\n",x1,x2);
11
```

Logs & others

| Code::Blocks | 搜索结果 | 构建记录 | **构建信息** × | 调试器 |

文件	行	信息
D:\C-pro\test\...		In function 'main':
D:\C-pro\test\...	7	error: invalid operands to binary & (have 'char *' and 'int')
		=== 已完成构建: 1 个错误, 0 个警告 ===

图　2-11

(2) scanf 函数的参数表列变量前没加&符号，如图 2-12 所示。图 2-12 中的第 7 行给出了一个警告，"%d"格式需要一个整型指针类数据，但是只有一个整型数据。虽然是警告，但如果运行该程序，则通过键盘输入的数据并不会被送入 x1 中。

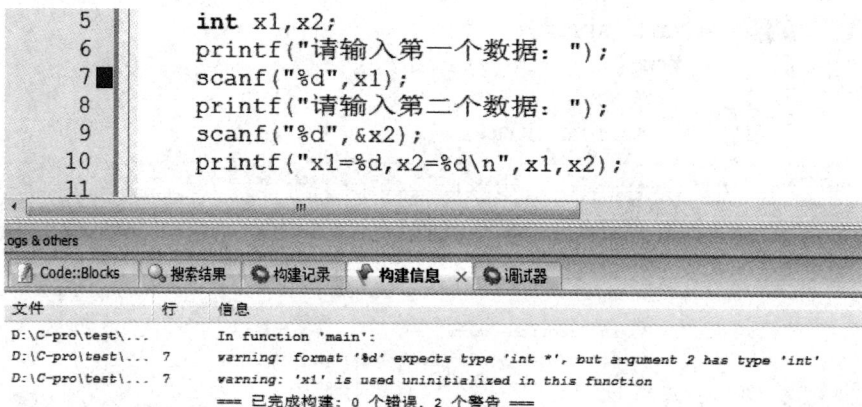

```
5    int  x1,x2;
6    printf("请输入第一个数据：");
7    scanf("%d",x1);
8    printf("请输入第二个数据：");
9    scanf("%d",&x2);
10   printf("x1=%d,x2=%d\n",x1,x2);
11
```

Logs & others

Code::Blocks　🔍搜索结果　❖构建记录　🔍构建信息　✕　❖调试器

文件	行	信息
D:\C-pro\test\...		In function 'main':
D:\C-pro\test\...	7	warning: format '%d' expects type 'int *', but argument 2 has type 'int'
D:\C-pro\test\...	7	warning: 'x1' is used uninitialized in this function
		=== 已完成构建：0 个错误，2 个警告 ===

图　2-12

(3) printf 函数缺少逗号，主要有以下两种情况：

① 格式控制和参数表列之间缺少逗号，会给出 x1 前缺少半边括号 ")" 的错误提示，如图 2-13 所示。

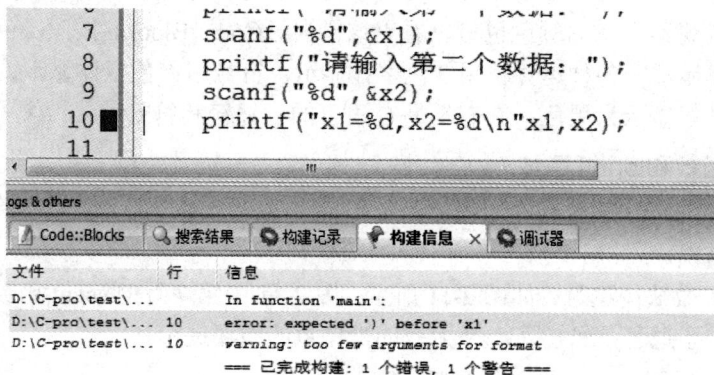

```
7    scanf("%d",&x1);
8    printf("请输入第二个数据：");
9    scanf("%d",&x2);
10   printf("x1=%d,x2=%d\n"x1,x2);
11
```

Logs & others

Code::Blocks　🔍搜索结果　❖构建记录　🔍构建信息　✕　❖调试器

文件	行	信息
D:\C-pro\test\...		In function 'main':
D:\C-pro\test\...	10	error: expected ')' before 'x1'
D:\C-pro\test\...	10	warning: too few arguments for format
		=== 已完成构建：1 个错误，1 个警告 ===

图　2-13

② x1 和 x2 之间缺少逗号，同样给出了一个缺少半边括号 ")" 的错误提示，如图 2-14 所示。

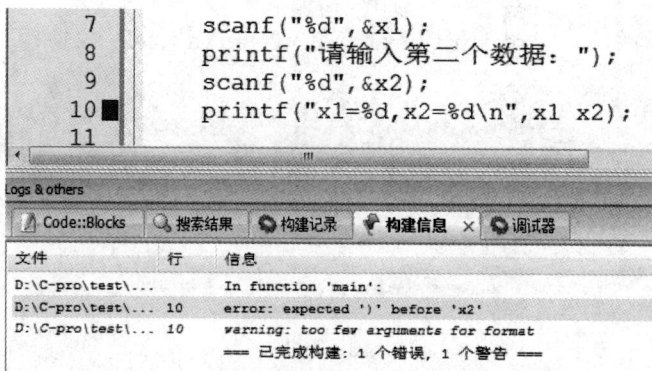

```
7    scanf("%d",&x1);
8    printf("请输入第二个数据：");
9    scanf("%d",&x2);
10   printf("x1=%d,x2=%d\n",x1 x2);
11
```

Logs & others

Code::Blocks　🔍搜索结果　❖构建记录　🔍构建信息　✕　❖调试器

文件	行	信息
D:\C-pro\test\...		In function 'main':
D:\C-pro\test\...	10	error: expected ')' before 'x2'
D:\C-pro\test\...	10	warning: too few arguments for format
		=== 已完成构建：1 个错误，1 个警告 ===

图　2-14

(4) printf 函数的格式控制和参数表列数目不一致，如图 2-15 所示。

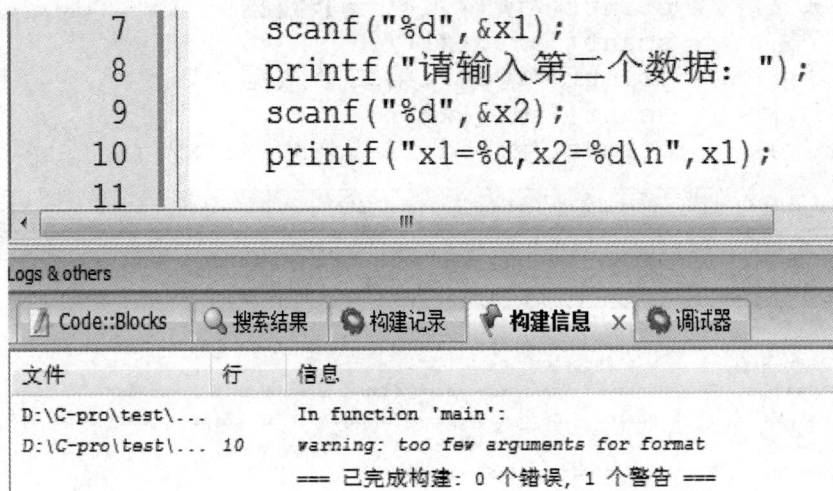

```
 7        scanf("%d",&x1);
 8        printf("请输入第二个数据: ");
 9        scanf("%d",&x2);
10        printf("x1=%d,x2=%d\n",x1);
11
```

Logs & others

| Code::Blocks | 搜索结果 | 构建记录 | **构建信息** × | 调试器 |

文件	行	信息
D:\C-pro\test\...		In function 'main':
D:\C-pro\test\...	10	*warning: too few arguments for format*
		=== 已完成构建: 0 个错误, 1 个警告 ===

图　2-15

printf 函数有两个格式控制字符，但是参数表列中只有 x1 一个变量，会给出参数太少的警告。

(5) printf 函数名书写错误，如图 2-16 所示。

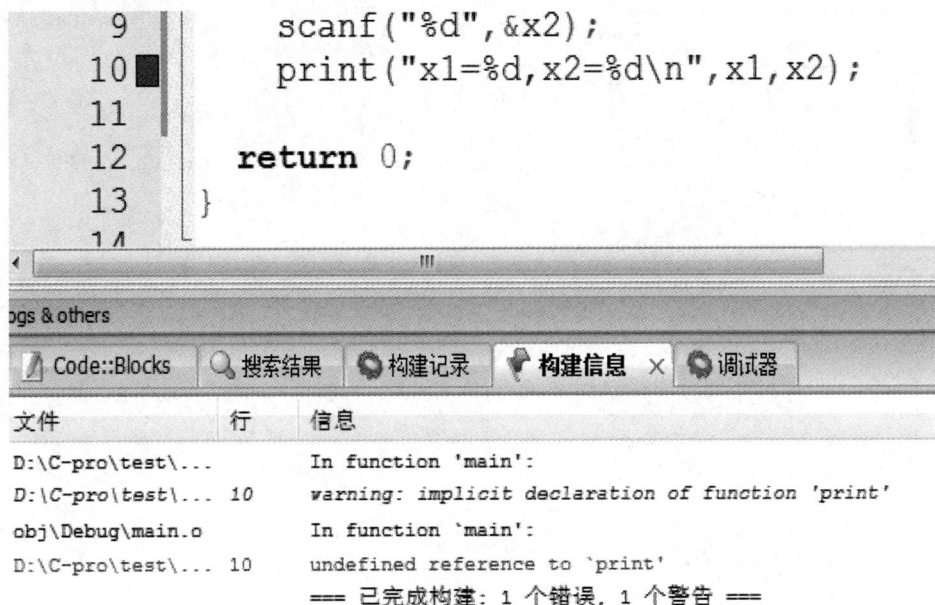

```
 9        scanf("%d",&x2);
10        print("x1=%d,x2=%d\n",x1,x2);
11
12        return 0;
13    }
14
```

Logs & others

| Code::Blocks | 搜索结果 | 构建记录 | **构建信息** × | 调试器 |

文件	行	信息
D:\C-pro\test\...		In function 'main':
D:\C-pro\test\...	10	*warning: implicit declaration of function 'print'*
obj\Debug\main.o		In function 'main':
D:\C-pro\test\...	10	undefined reference to `print'
		=== 已完成构建: 1 个错误, 1 个警告 ===

图　2-16

因为图 2-16 中第 10 行的输出函数写错了，所以会提示出错。print 没有定义，改为 printf 即可。

6. 变量未被定义

变量只有被定义后才能使用，否则会出现未定义的错误，如图 2-17 所示。

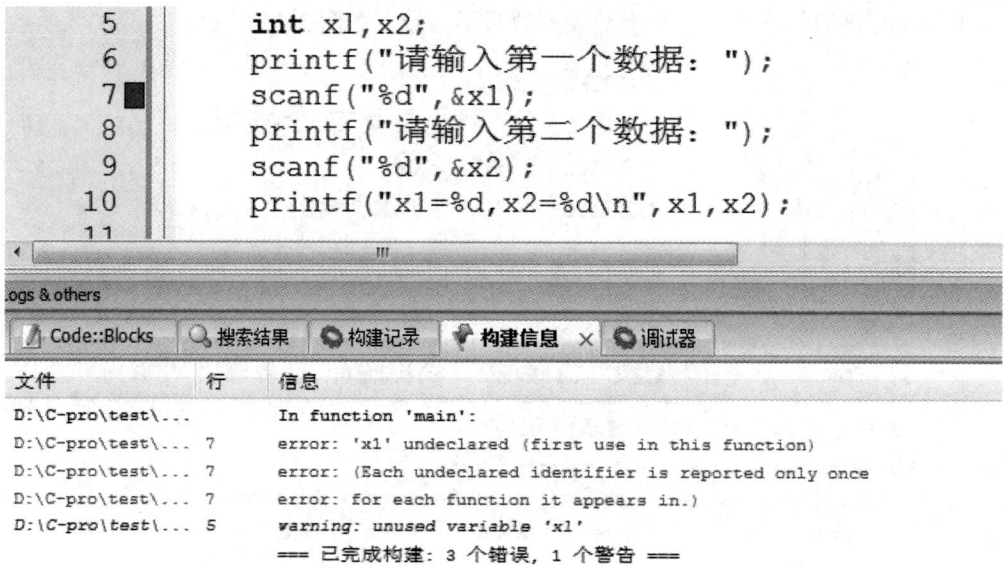

```
 5      int x1,x2;
 6      printf("请输入第一个数据： ");
 7      scanf("%d",&x1);
 8      printf("请输入第二个数据： ");
 9      scanf("%d",&x2);
10      printf("x1=%d,x2=%d\n",x1,x2);
11
```

Logs & others

| Code::Blocks | 搜索结果 | 构建记录 | 构建信息 × | 调试器 |

文件	行	信息
D:\C-pro\test\...		In function 'main':
D:\C-pro\test\...	7	error: 'x1' undeclared (first use in this function)
D:\C-pro\test\...	7	error: (Each undeclared identifier is reported only once
D:\C-pro\test\...	7	error: for each function it appears in.)
D:\C-pro\test\...	5	*warning: unused variable 'x1'*
		=== 已完成构建: 3 个错误, 1 个警告 ===

图 2-17

图 2-17 中的第 7 行出现变量 x1 未被定义的错误。因为第 5 行在定义变量时把数字"1"写成字母 "l"，所以才会出现未定义变量的错误提示。

第 3 章 上 机 实 验

项目 1 显 示 广 告 语

1. 实验目的

(1) 了解如何编辑、编译、链接和运行一个 C 语言的程序。

(2) 初步了解 C 语言源程序的特点。

(3) 掌握 Code::Blocks 的使用方法。

2. 实验步骤

(1) 打开 Code::Blocks 的编译环境，新建一个项目，并输入以下程序：

```
/*=========================================
*程序名称：Hello MOTO.c
*功能：显示广告语"Hello MOTO"
*=========================================*/
#include <stdio.h>
#include <stdlib.h>

int main()
{
    printf("Hello MOTO!\n");

    return 0;
}
```

做以下的练习：

① 检查程序，确认输入无误。

② 编译该程序，查看编译信息是否有误；若有错误，请修改。确认没有错误后运行程序，查看结果。在以下操作中，需对源程序进行修改，每次修改可能会造成不同的错误，请注意这些错误提示，分析完原因后，请把该程序修改为正确的形式。

③ 把注释开始的标识"/*"删去，查看源程序文字颜色的变化，然后编译程序，查看错误提示。

④ 把注释结束的标识"*/"删去，查看源程序文字颜色的变化，然后编译程序，查看错误提示。

⑤ 把

```
#include <stdio.h>

#include <stdlib.h>
```

两行修改为

```
//#include <stdio.h>

//#include <stdlib.h>
```

然后编译程序，查看错误提示，分析原因。

⑥ 把

```
int main()
```

修改为

```
main()
```

然后编译程序，查看错误提示，分析原因。

⑦ 把程序中的"return 0;"一行删除，编译程序，查看错误提示，分析原因。

⑧ 把

```
printf("Hello MOTO!\n");
```

一行修改为

```
print("Hello MOTO!\n");
```

然后编译程序，查看错误提示，分析原因。

⑨ 把

```
printf("Hello MOTO!\n");
```

一行修改为

```
printf("Hello MOTO!\n");
```

(即把英文引号修改为中文引号)然后编译程序，查看错误提示，分析原因。

⑩ 请注意查看源程序中的分号颜色，然后将其中一个分号修改为中文的分号，比较中文分号和英文分号的颜色，编译程序，查看错误提示，分析原因。

(2) 输入并运行程序 Lining.c 和 NonFu.c，分析其与 Hello MOTO.c 的不同。

(3) 把课本上的 Songs.c 程序修改为以下的程序：

```
#include <stdio.h>
#include <stdlib.h>


int main()
{
    printf("诗经");
    printf("关关雎鸠，");
    printf("在河之洲。");
    printf("窈窕淑女，");
    printf("君子好逑。");
    return 0;
}
```

编译并运行程序，查看结果与课本上的程序有何区别。注意对比两个源程序的不同，分析字符 '\n' 的作用。

(4) 编写一个程序，显示以下图案：

```
    ★★★        ★★★
  ★★★★★    ★★★★★
★★★★★★★★★★★★
  ★★★★★★★★★★
    ★★★★★★★★
      ★★★★★
        ★★★
          ★
```

项目 2　完成数据计算

1. 实验目的

(1) 掌握 C 语言的数据类型，了解字符型数据和整型数据的内在联系。

(2) 掌握对各种类型数据的正确输入方法。

(3) 学会使用 C 语言的算术运算符。

(4) 学会编写简单的应用程序。

2. 实验步骤

(1) 输入以下程序段：

```c
#include <stdio.h>
#include <stdlib.h>

int main()
{
    int a, b, c;
    scanf("%d", &a);
    scanf("%d", &b);
    scanf("%d", &c);
    printf("a=%d, b=%d, c=%d\n", a, b, c);
    return 0;
}
```

做以下的练习：

① 程序在运行时应如何输入数据，才能使输出结果为 a=123，b=32，c=54。

② 若把程序的输入语句修改为 " scanf("%d%d%d", &a, &b, &c);"，则应该如何输入数据。

③ 若把程序的输入语句修改为 " scanf("%d, %d, %d", &a, &b, &c);"，则应该如何输入数据。

(2) 输入以下程序段：

```
#include <stdio.h>
#include <stdlib.h>

int main()
{
    int a=50000;
     short b=50000;
     printf("a=%d, b=%d\n", a, b);
    return 0;
}
```

运行程序，查看结果，分析原因，体会 short 类型和 int 类型数据的取值范围。

(3) 做以下的练习：

① 通过键盘输入 3 个数，求其总和。

② 通过键盘输入 5 个数，求其总和。

项目 3　菜 单 设 计

1. 实验目的

(1) 了解 C 语言表示逻辑量的方法。

(2) 学会正确使用关系运算符和逻辑运算符。

(3) 熟练掌握 if 语句的使用。

(4) 熟练掌握 switch 语句的使用。

2. 实验步骤

编写程序，分别完成以下功能：

(1) 通过键盘输入一个字符，判断该字符是数字字符、大写字母、小写字母、空格还是其他字符。

(2) 编写一个程序，判断输入整数的正负性和奇偶性。

(3) 输入三角形的三条边 a、b、c，判断它们能否构成三角形。若能构成三角形，指出是何种三角形(等腰三角形、直角三角形、一般三角形)。

(4) 通过键盘输入一个数字(1～7)，输出对应的是星期几？如输入数字 1，输出"星期一"；输入数字 7，则输出"星期日"。

(5) 通过键盘输入一个数据，判断其被 2 和 3 整除的情况，有以下四种情况：

① 不能被 2 整除，也不能被 3 整除。

② 能被 2 整除，不能被 3 整除。

③ 不能被 2 整除，能被 3 整除。

④ 能被 2 整除，也能被 3 整除。

(6) 通过键盘输入一个点的坐标，输出其点所在的位置。如输入坐标(2，−4)应给出的判断为该点在第四象限，而点(0，−3)在 Y 轴的负半轴上。

项目 4 大量数据求和

1. 实验目的

(1) 熟练掌握 while 语句、do-while 语句和 for 语句实现循环的方法。

(2) 掌握一些常见的用循环实现的算法(如穷举、迭代、递推等)。

(3) 了解 break 语句和 continue 语句的用法。

2. 实验步骤

编写程序，分别完成以下功能：

(1) 设有 1、2、3、4 四个数字，能组成多少个互不相同且无重复数字的三位数，其分别是多少？

(2) 一个整数加上 100 后是一个完全平方数，再将其加上 168 又是一个完全平方数，求该数是多少？

(3) 古典问题：设有一对兔子，从出生后第三个月起每个月都生两只兔子，小兔子长到第三个月后的每个月又生两只兔子。假设兔子都不死，求每个月的兔子总数为多少？

(4) 通过键盘输入一个数，判断其是否为素数。

(5) 猴子吃桃问题：猴子第一天摘下若干个桃子，当即吃了一半，还不过瘾，又多吃了一个。第二天早上又将剩下的桃子吃掉一半，又多吃了一个。以后每天早上都吃了前一天剩下的一半再加一个。到第 10 天早上想再吃时，只剩下一个桃子了。求第一天共摘了多少桃子？

项目 5 成绩的计算

1. 实验目的

(1) 了解数组的概念。

(2) 掌握数组的使用方法。

(3) 理解数组元素在内存中的存放方式。

(4) 掌握冒泡排序法和选择排序法。

2. 实验步骤

编写程序，分别完成以下功能：

(1) 定义一个数组，通过键盘输入大小不等的 9 个数，并输出最大的数。

(2) 定义一个数组，通过键盘输入张三同学的语文、数学、英语和体育成绩，并输出张三的总分和平均分。

(3) 通过键盘输入 9 个数，利用冒泡排序法，按照从大到小的顺序排列输出。

(4) 通过键盘输入 9 个数，利用选择排序法，按照从大到小的顺序排列输出。

(5) 将一个数组中的值按逆序重新存放。如将原来的 8、6、5、4、1 改为 1、4、5、6、8。

项目 6   多门功课成绩的计算

1. 实验目的

(1) 了解二维数组概念，掌握二维数组的声明和使用。

(2) 了解二维数组的内存存储方式。

(3) 学会利用双重循环来处理二维数组的问题。

2. 实验步骤

编写程序，分别完成以下功能：

(1) 输出以下的杨辉三角形(要求输出 10 行)：

```
1
1   1
1   2   1
1   3   3   1
1   4   6   4   1
1   5   10  10  5   1
```

(2) 输出以下图案：

```
*****
 *****
  *****
   *****
    *****
```

(3) 求一个 3×3 的整型数据的矩阵的对角线元素之和。

(4) 输出"魔方阵"。魔方阵是指每一行、每一列和对角线之和均相等的方阵。例如，三阶魔方阵为

$$
\begin{array}{ccc}
8 & 1 & 6 \\
3 & 5 & 7 \\
4 & 9 & 2 \\
\end{array}
$$

要求输出 $1 \sim n^2$ 的自然数构成的魔方阵。

(5) 找出一个二维数组中的鞍点，鞍点是指该位置上的元素在该行中最大、在该列中最小。二维数组中也可能没有鞍点。

项目 7   用结构体处理学生成绩

1. 实验目的

(1) 掌握 char 类型数据、字符常量、字符串以及字符数组。

(2) 掌握结构体类型数据的定义和使用。

(3) 掌握结构体变量的引用。

2. 实验步骤

编写程序，分别完成以下功能：

(1) 定义一个结构体变量(包括年、月、日)，计算当日在该年的第几天(需注意闰年的问题)。

(2) 编写一个程序，将两个字符串连接起来，要求不使用 strcat 函数。

(3) 编写一个程序，将两个字符串 s1 和 s2 进行比较，若 s1 > s2，则输出一个正数；若 s1 = s2，则输出 0；若 s1 < s2，则输出一个负数。要求不使用 strcmp 函数。输出的正数或者负数应该是相比较的两个字符串相应字符的 ASCII 码的差值。例如，'a' < 'c'，应该输出一个负数，因为两者的 ASCII 码值相差 2，所以应该输出 −2，而 "computer" 与 "compare" 比较，则由于第四个字母 "u" 比 "a" 大 20，所以应该输出 20。

(4) 编写一个程序，将字符数组 s2 中的全部字符复制到字符数组 s1 中。要求不使用 strcpy 函数，在复制时，'\0' 要复制过去，'\0' 后的字符不要复制。

项目 8 编写一个日历程序

1. 实验目的

(1) 掌握自顶向下、逐步细化的设计思维方式。

(2) 了解函数的概念，掌握编写函数的方法。

(3) 掌握函数的参数传递。

2. 实验步骤

编写程序，分别完成以下功能：

(1) 编写一个判断素数的程序，在主函数中输入一个整数，程序输出该数是否为素数的信息。

(2) 编写一个程序，输入年、月、日，计算当日是该年的第几天？

(3) 求方程 $ax^2+bx+c=0$ 的根，用三个函数分别求当 $b^2-4ac>0$、$b^2-4ac=0$、$b^2-4ac<0$ 时的根并输出结果(要求在主函数中输入 a、b、c 的值)。

(4) 编写一个程序，使输入的字符串按要求存放(要求在主函数中输入和输出字符串)。

(5) 利用递归法求 n 阶勒让德多项式的值，递归公式为

$$P_n(x) = \begin{cases} 1 & (n=0) \\ x & (n=1) \\ \dfrac{(2n-1)x-P_{n-1}(x)-(n-1)P_{n-2}(x)}{n} & (n \geqslant 1) \end{cases}$$

项目 9　　为函数设置多个返回值

1. 实验目的

(1) 理解指针和地址的概念。

(2) 掌握指针变量和指针数组的使用。

(3) 了解动态数组的建立方法。

2. 实验步骤

编写程序，分别完成以下功能：

(1) 定义 3 个整数及整数指针，仅用指针的方式按由小到大的顺序输出。

(2) 输入 10 个整数，将其中最小的数与第一个数互换，把最大的数与最后一个数互换。编写 3 个函数(所有函数的参数均用指针)：① 输入 10 个整数；② 进行处理；③ 输出 10 个整数。

(3) 编写一个求字符串长度的函数(函数的参数使用指针方式)，在主函数中输入字符串，并输出其长度。

项目 10　　大数求平均值问题

1. 实验目的

(1) 了解 C 语言 int、float、char 类型数据的取值范围。

(2) 掌握 C 语言位运算(与、或、异或)。

(3) 掌握 C 语言的移位运算(>>、<<)。

2. 实验步骤

编写程序，分别完成以下功能：

(1) 编写一个程序。当给出一个数的原码时，能得到该数的补码。

(2) 取一个整数最高的 3 个二进制位。

第二部分　习 题 解 答

第 4 章　项目 1 习题解答

一、选择题

1. 计算机高级语言程序的运行方法有编译执行和解释执行两种，以下叙述中正确的是（　　）。

A. C 语言的程序仅可以编译执行

B. C 语言的程序仅可以解释执行

C. C 语言的程序既可以编译执行，又可以解释执行

D. 以上说法都不对

答案：A

解答：编译执行由编译程序将目标代码一次性编译成目标程序，再由计算机运行目标程序，如 PASCAL、C、C++ 等语言。解释执行由解释器(将程序的语句现场解释，翻译成机器语言)现场解释执行，不生成目标程序，如 BASIC 语言便是解释执行。在执行的效率方面，编译执行要高于解释执行。故选 A。

2. 以下叙述中错误的是(　　)。

A. C 程序在运行过程中所有计算都以二进制方式进行

B. C 程序在运行过程中所有计算都以十进制方式进行

C. 所有 C 程序都需要编译、链接无误后才能运行

D. C 程序中整型变量只能存放整数，实型变量只能存放浮点数

答案：B

解答：在计算机中，所有的数据计算都是以二进制的方式进行的，C 程序在运行过程中也是以二进制方式进行计算的。C 语言的源程序无法直接被执行，必须编译、链接生成

可执行程序后才能运行。

3. 以下叙述中正确的是(　　)。

A. C 程序的基本组成单位是语句

B. C 程序中的每一行只能写一条语句

C. 简单 C 程序语句必须以分号结束

D. C 程序语句必须在一行内写完

答案：C

解答：C 程序的基本组成单位是函数，如编写的第一个程序"Hello MOTO.c"就包含了一个 main 函数。C 程序中多条语句可以写在一行中，一条语句可以分开写为多行，但是 C 程序的语句必须以分号结束。故选 C。

4. 计算机能直接执行的程序是(　　)。

A. 源程序　　　　　　　B. 目标程序　　　　C. 汇编程序　　　　　　　D. 可执行程序

答案：D

解答：在计算机中，能够直接执行的程序是可执行程序，其他的程序文件都不能直接执行。故选 D。

5. 以下叙述中正确的是(　　)。

A. C 程序中的注释只能出现在程序的开始位置和语句的后面

B. C 程序的书写格式严格，要求在一行中只能写一个语句

C. C 程序的书写格式自由，一个语句可以写为多行

D. 用 C 语言编写的程序只能放在一个程序文件中

答案：C

解答：C 程序的注释可以出现在程序中的任何位置，如程序的开始位置、每条语句的前面或者后面。注释是对于程序的解释，只要觉得必要，就可以写注释。C 程序的多条语句可以写在一行中，一条语句也可以写为多行。在编写 C 程序时，可以写成多个程序文件，多个程序文件可以组合在一起进行编译，只要在这多个程序文件中，只有一个 main 函数即可。故选 C。

二、编程题

1. 编程实现显示以下图案。

```
**********
 ********
  ******
   ****
    **
```

解答：利用 printf 函数可以显示一行文字，本题显示 5 行符号，需要用 5 次 printf 函数。程序代码如下：

```
1  /*===============================================
2  *程序名称：1-1.c
```

3	*功能：显示图案
4	
5	**********
6	********
7	******
8	****
9	**
10	*===*/
11	#include <stdio.h>
12	#include <stdlib.h>
13	
14	int main()
15	{
16	printf("**********\n");
17	printf("　********\n");
18	printf("　　******\n");
19	printf("　　　****\n");
20	printf("　　　　**\n");
21	return 0;
22	}
23	

2. 编程实现显示以下图案。

```
#***#
*#*#*
**#**
*#*#*
#***#
```

解答：程序代码如下：

1	/*===
2	*程序名称：1-2.c
3	*功能：显示图案
4	
5	#***#
6	*#*#*
7	**#**
8	*#*#*
9	#***#
10	*==*/

11	#include <stdio.h>
12	#include <stdlib.h>
13	
14	int main()
15	{
16	printf("#***#\n");
17	printf("*#*#*\n");
18	printf("**#**\n");
19	printf("*#*#*\n");
20	printf("#***#\n");
21	return 0;
22	}
23	

3. 用 "*" 输出字母 C 的图案。

解答：程序代码如下：

1	/*===
2	*程序名称：1-3.c
3	*功能：用 "*" 输出字母 C 的图案
4	*===*/
5	
6	#include <stdio.h>
7	#include <stdlib.h>
8	
9	int main()
10	{
11	printf("用 * 号输出字母 C!\n");
12	printf(" ****\n");
13	printf(" *\n");
14	printf(" * \n");
15	printf(" ****\n");
16	
17	return 0;
18	}

第 5 章　项目 2 习题解答

一、选择题

1. 设有以下程序：

```
1  #include <stdio.h>
2  int main()
3  {
4      int x=011;
5      printf("%d", x);
6      return 0;
7  }
8
```

程序运行后的输出结果是(　　)。
A. 12　　　　　　　　B. 11　　　　　　　C. 10　　　　　　　D. 9
答案：D
解答：在 C 语言中，八进制数以 0 打头，因此 011 是八进制数，等价为十进制的 9。故选 D。

2. 设有以下程序：

```
1  #include <stdio.h>
2  int main()
3  {
4      int a=1, b=0;
5      printf("%d, ", b=a+b);
6      printf("%d\n", a=2*b);
7      return 0;
8  }
9
```

程序运行后的输出结果是(　　)。
A. 0, 0　　　　　　　B. 1, 0　　　　　　　C. 3, 2　　　　　　　D. 1, 2
答案：D
解答：执行第一条 printf 语句，b=1+0=1，输出 1，同时 b 被赋值为 1；执行第二条 printf 语句，a=2*1=2。故选 D。

3. 设有以下程序：

```
1    #include <stdio.h>
2    int main()
3    {
4        char c1, c2;
5        c1='A'+'8'-'4';
6        c2='A'+'8'-'5';
7        printf("%c, %d\n", c1, c2);
8        return 0;
9    }
```

已知字母 A 的 ASCII 码值为 65，程序运行后的输出结果是(　　)。

A. E, 68　　　　　　　B. D, 69　　　　　　　C. E, D　　　　　　　D. 输出无定值

答案：A

解答：c1 = 'A'+'8'-'4'，即 c1 = 'A' + 4 = 69 = 'E'；c2 = 'A' + '8' - '5'，即 c2 = 'A' + 3 = 68 = 'D'。因为 c1 是以字符形式输出的，所以输出 E；又因为 c2 是以十进制数输出的，所以输出 68。故选 A。

4. 现有格式输入语句："scanf("x=%d, sum y=%d, line z=%d", &x, &y, &z);"，已知在输入数据后，x、y、z 的值分别是 12、34、45，则下列选项中，正确的输入格式是(　　)。

A. 12, 34, 45 <Enter>　　　　　　　　　　B. x=12, y=34, z=45<Enter>

C. x=12, sum y=34, z=45<Enter>　　　　　D. x=12, sum y=34, line z=45<Enter>

答案：D

解答：当用 scanf 语句输入数据时，需要与双引号里面的字符一一对应，仅仅是把%d 所在的位置替换成变量的值。故选 D。

5. 设有以下程序：

```
1     #include <stdio.h>
2     int main()
3     {
4         char c1, c2, c3, c4, c5, c6;
5         scanf("%c%c%c%c", &c1, &c2, &c3, &c4);
6         c5=getchar(); c6=getchar();
7         putchar(c1); putchar(c2);
8         printf("%c%c\n", c5, c6);
9         return 0;
10    }
```

程序运行后，若通过键盘输入(从第 1 列开始)：

　　　123<Enter>

　　　45678<Enter>

则输出结果是(　　)。

A. 1267　　　　　B. 1256　　　　　　　C. 1278　　　　　　　D. 1245

答案：D

解答：在执行 scanf 语句后，c1、c2、c3、c4 分别是 '1'、'2'、'3'、'\n'，c5 是 '4'，c6 是 '5'，因此输出结果是 1245。故选 D。

二、填空题

1. 有以下程序(说明：字符 0 的 ASCII 码值为 48)：

```
1   #include <stdio.h>
2   int main()
3   {
4       char c1, c2;
5       scanf("%d", &c1);
6       c2=c1+9;
7       printf("%c%c", c1, c2);
8       return 0;
9   }
10
```

若程序运行时通过键盘输入 48<Enter>，则输出结果为_____。

答案：09

解答：c1 的内容是 '48'，该 ASCII 码对应的字符为 '0'，c2 对应的字符为 '9'，因此按字符形式输出结果为 09。

2. 运行以下程序后的输出结果是_____。

```
1   #include <stdio.h>
2   int main()
3   {
4       int a=200, b=010;
5       printf("%d%d", a, b);
6       return 0;
7   }
8
```

答案：2008

解答：变量 b = 010(八进制数)，即相当于十进制的 8，因此最后的输出结果为 2008。

3. 有以下程序：

```
1   #include <stdio.h>
2   int main()
3   {
4       int x, y;
```

5	scanf("%2d%1d", &x, &y);
6	printf("%d\n", x+y);
7	return 0;
8	}
9	

若程序运行时通过键盘输入 1234567<Enter>，则输出结果为＿＿＿＿＿＿。

答案：15

解答：输入数据后，x = 12，y = 3，其他数据的输入无效，因此最后的输出结果为 15。

4. 若整型变量 a 和 b 的值分别为 7 和 9，要求按以下格式输出 a 和 b 的值：

　　　a=7
　　　b=9

请完成输出语句：printf("＿＿＿＿＿＿＿＿", a, b);。

答案：a=%d\nb=%d

解答：\n 是转义字符，起换行的作用，因此正确的语句是 printf("a=%d\nb=%d", a, b);。

三、编程题

1. 编写一个程序实现摄氏温度和华氏温度的转换，要求输出如图 5-1 所示的界面。

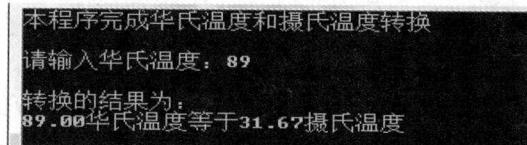

本程序完成华氏温度和摄氏温度转换

请输入华氏温度：89

转换的结果为：
89.00华氏温度等于31.67摄氏温度

图　5-1

解答：摄氏温度与华氏温度之间对应的关系是 c=(f-32)×5/9。具体程序代码如下：

```
1    /*================================
2    *程序名称：xt2-1.c
3    *功能：实现摄氏温度和华氏温度的转换
4    ================================*/
5    #include <stdio.h>
6    #include <stdlib.h>
7    int main()
8    {
9        float f, c;
10       printf("请输入华氏温度：");
11       scanf("%f", &f);
12       c=(f-32)*5/9;
13       printf("%.2f 华氏温度等于%.2f 摄氏温度\n", f, c);
14       return 0;
15   }
```

2. 完成英尺、英寸和厘米的转换，要求输出如图 5-2 所示的界面。

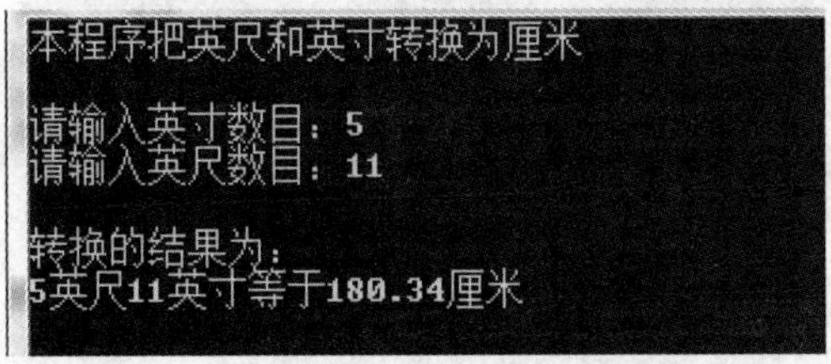

本程序把英尺和英寸转换为厘米

请输入英寸数目：5
请输入英尺数目：11

转换的结果为：
5英尺11英寸等于180.34厘米

图   5-2

解答：具体换算关系为 1 英尺 = 12 英寸，1 英寸 = 2.54 厘米。具体的程序代码如下：

```
1    /*================================
2    *程序名称：xt2-2.c
3    *功能：实现英尺、英寸和厘米的转换
4    ================================*/
5    #include <stdio.h>
6    #include <stdlib.h>
7    int main()
8    {
9        int a, b;
10       float c;
11       printf("请输入英尺数目：");
12       scanf("%d", &a);
13       printf("请输入英寸数目：");
14       scanf("%d", &b);
15       c=(a*12+b)*2.54;
16       printf("\n 转换的结果为：\n");
17       printf("%d 英尺%d 英寸等于%.2f 厘米\n", a, b, c);
18       return 0;
19   }
20
```

3. 编写一个程序，实现从键盘输入一个圆的半径，计算出圆的面积，自行增加合理的说明文字，让程序更加人性化(圆的面积公式为 $s = \pi r^2$)。

解答：程序代码如下：

```
1    /*================================
2    *程序名称：xt2-3.c
3    *功能：输入圆的半径，计算圆的面积
4    ================================*/
5    #include <stdio.h>
6    #include <stdlib.h>
```

7	int main()
8	{
9	float r, s;
10	printf("请输入半径值： ");
11	scanf("%f", &r);
12	s=3.14*r*r;
13	printf("\n 圆的面积为 %.2f\n", s);
14	return 0;
15	}
16	

4. 下面的程序没有向用户给出任何的注释和说明：

1	#include <stdio.h>
2	#include <stdlib.h>
3	int main()
4	{
5	float a, b, h;
6	scanf("%f", &b);
7	scanf("%f", &h);
8	a=(b+h)/2;
9	printf("a=%g\n", a);
10	return 0;
11	}
12	

请阅读该程序，说明它的作用，它计算的结果是什么？重写这个程序，使用户和将来修改该程序的程序员都更容易理解这个程序。

解答：该程序是计算变量 b 和 h 的平均值 a 的，程序可以修改为

1	/*===============================
2	*程序名称：xt2-4.c
3	*功能：计算平均数
4	===============================*/
5	#include <stdio.h>
6	#include <stdlib.h>
7	int main()
8	{
9	float a, b, h;
10	printf("请输入第一个变量： ");
11	scanf("%f", &b);
12	printf("请输入第二个变量： ");

13	scanf("%f", &h);
14	a=(b+h)/2;
15	printf("\n 两数的平均值 a=%g\n", a);
16	return 0;
17	}
18	

5. 在 Norton Juster(诺顿·贾斯特)的童话小说《The Phantom Tollbooth》(神奇收费亭)中，描述了一个小男孩麦罗(Milo)，他觉得太阳底下没有任何新鲜有趣的事，活着本身就是一场无聊的灾难。因此，即使在学校里，同学们都很快乐地在上课或玩耍，他也只是转头望向窗外，怔怔地发着呆，脑袋里一片空白。直到有一天，一件奇怪的事突然发生了。麦罗的卧室里突然出现了一个巨大的礼物，打开后，麦罗发现那居然是一个神秘世界的入口，借着一辆魔法跑车，可以载着他进入神秘的魔法世界，而且通过入口后，他也会变幻成卡通人物，展开一场神秘的旅行，前往遥远未知的"空中楼阁"。那里是一个完全陌生却又出奇精彩的世界。这部童话小说最后改编成了电影《幻像天堂》。在小说中，数学魔法师给 Milo 提出了下面这个问题：

$4 + 9 - 2 * 16 + 1/3 * 6 - 67 + 8 * 2 - 3 + 26 - 1/34 + 3/7 + 2 - 5$

根据 Milo 的计算，该表达式的值总为 0，数学魔法师也证实了这一点。但当我们进行计算时，只有从头开始严格按照从左至右的顺序计算才能使结果为 0。若运用 C 语言的优先级法则，该表达式将得出什么结果？编写一个程序来证明。

解答：程序代码如下：

1	/*===============================
2	*程序名称：xt2-5.c
3	*功能：表达式的计算
4	===============================*/
5	#include <stdio.h>
6	#include <stdlib.h>
7	int main()
8	{
9	float x, y;
10	/* x 是直接代入，考虑了优先级；y 则是没有考虑优先级，从左至右直接计算*/
11	x=4 + 9 - 2 * 16 + 1/3 * 6 - 67 + 8 * 2 - 3 + 26 - 1/34 + 3/7 + 2 - 5;
12	y=4 + 9 - 2;
13	y=y*16+1;
14	y=y/3;
15	y=y*6-67 + 8;
16	y=y*2- 3 + 26 - 1;
17	y=y/34+3;
18	y=y/7+2-5;

19	printf("\n 考虑优先级 x=%f，从左往右直接运算 y=%f\n", x, y);
20	return 0;
21	}
22	

6. 下面是一首儿歌：

在我去 St.Ives 的路上，

我遇到了有七个老婆的男人，

每个老婆有七个麻袋，

每个麻袋里有七只猫，

每个猫带了七只小猫，

小猫、猫、麻袋和老婆，

有多少人要去 St.Ives？

其实这是一个脑筋急转弯的问题：文中只有"我"要去 St.Ives，其他的都是去相反方向的。假设要找出有多少小猫、猫、麻袋和老婆从 St.Ives 处过来，请编写一个 C 程序计算并显示结果。要有必要的说明，以便每一个运行此程序的人都能够理解它计算的是什么值。

解答：程序代码如下：

1	/*=======================================
2	*程序名称：xt2-6.c
3	*功能：计算小猫、猫、麻袋和老婆总数
4	=======================================*/
5	#include <stdio.h>
6	#include <stdlib.h>
7	int main()
8	{
9	int catbaby, cat, bag, wife;　　　//分别代表小猫、猫、麻袋、老婆
10	int sum;
11	wife=7;　　　　　　　　//有七个老婆
12	bag=wife*7;　　　　　　　//每个老婆有七个麻袋
13	cat=bag*7;　　　　　　　//每个麻袋里有七只猫
14	catbaby=cat*7;　　　　　　//每个猫带了七只小猫
15	sum=wife+bag+cat+catbaby;
16	printf("小猫、猫、麻袋和老婆的总数是: %d\n", sum);
17	return 0;
18	}
19	

7. 从键盘输入两个整数，计算商，如果有余数，输出余数。

解答：计算商使用除法运算符(/)，求余数则使用求余运算符(%)。程序代码如下：

```
1    /*================================
2    *程序名称：xt2-7.c
3    *功能：计算商和余数
4    ================================*/
5
6    #include <stdio.h>
7    #include <stdlib.h>
8    int main(){
9        int dividend, divisor, quotient, remainder;
10
11       printf("输入被除数: ");
12       scanf("%d", &dividend);
13       printf("输入除数: ");
14       scanf("%d", &divisor);
15       // 计算商
16       quotient = dividend / divisor;
17       // 计算余数
18       remainder = dividend % divisor;
19       printf("商　 = %d\n", quotient);
20       printf("余数　= %d", remainder);
21
22       return 0;
23   }
24
```

8. 交换两个数的值。

解答：两个数据交换，类似于下面的问题：一瓶水与一瓶醋，如何让醋瓶子装水，水瓶子装醋。不能直接把醋倒进装水的瓶子里，而是要找一个空瓶子，把水倒进空瓶子中，然后把醋倒进水瓶子里，再把水倒进醋瓶子。具体过程如图 5-3 所示。

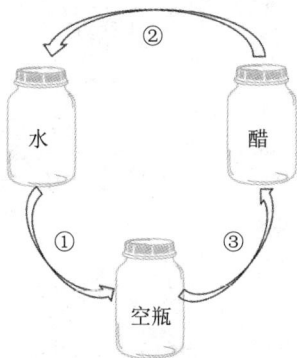

图 5-3　水和醋互换问题

　　C 语言中，变量存放在内存单元中，变量名对应着一个内存区域，给变量赋值，就是向该内存区域写入数据。定义一个中间变量 t，用变量 t 作为缓冲来交换数据。程序代码如下：

```
1    /*===============================
2    *程序名称：xt2-8.c
3    *功能：交换两个变量的值
4    ===============================*/
5
6    #include <stdio.h>
7    #include <stdlib.h>
8
9    int main()
10   {
11        int a, b, t;
12        a=25;
13        b=32;
14        printf("交换之前的数据为：a=%d，b=%d\n", a, b);
15
16        t=a;
17        a=b;
18        b=t;
19
20        printf("交换之后的数据为：a=%d，b=%d\n", a, b);
21
22      return 0;
23   }
24
```

第 6 章 项目 3 习题解答

一、选择题

1. 有以下程序：

```
1   #include <stdio.h>
2   int main()
3   {
4       int x;
5       scanf("%d", &x);
6       if(x<=3) ;
7       else   if(x!=10)
8           printf("%d\n", x);
9       return 0;
10  }
11
```

当程序运行时，输入的值在哪个范围才会有输出结果(   )。

A. 不等于 10 的整数   B. 大于 3 且不等于 10 的整数

C. 大于 3 或等于 10 的整数   D. 小于 3 的整数

答案：B

解答：当满足 x≤3 时，执行空语句；当不满足该条件时，再判断 x 不为 10 成立与否，若成立则输出 x 的值。故选 B。

2. 若有以下程序段：

```
1   int a=3, b=5, c=7;
2   if(a>b) a=b;c=a;
3   if(c!=a) c=b;
4   printf("%d, %d, %d\n", a, b, c);
5
```

其输出结果是(   )。

A. 程序段语法有错   B. 3, 5, 3   C. 3, 5, 5   D. 3, 5, 7

答案：B

解答：对于 if 条件语句，在 if 后的第一个分号处结束。无论 a＞b 成立与否，都会执行 c＝a，所以 c＝3，再判断 c！＝a 不成立，因此不执行 c＝b。故选 B。

3. 有以下计算公式

$$y=\begin{cases} \sqrt{x} & x \geqslant 0 \\ \sqrt{-x} & x < 0 \end{cases}$$

若程序段已在前面命令行中包含 math.h 文件，则不能正确计算该公式结果的程序段是(　)。

A. if(x>=0) y=sqrt(x);　　　　　　　　　B. y=sqrt(x);

　　else y=sqrt(-x);　　　　　　　　　　　　　if(x<0) y=sqrt(-x);

C. if(x>=0) y=sqrt(x);　　　　　　　　　D. y=sqrt(x>=0? x :-x);

　　if(x<0) y=sqrt(-x);

答案：B

解答：首先应该判断 x 的范围，再代入该公式。故选 B。

4. 当 x 的值为大于 1 的奇数时，则值为 0 的表达式是(　)。

A. x%2==1　　　　　B. x/2　　　　　C. x%2!=0　　　　　D. x%2==0

答案：D

解答：x%2 语句表示对 2 取余数，余数为 1，x%2==0 为假，即表达式的值为 0。故选 D。

5. 判断 char 型变量 c1 是否为大写字母的正确表达式是(　)。

A. 'A'<=c1<='Z'　　　　　　　　　　　　B. (c1>=A)&&(c1<=Z)

C. ('A'>=c1)||('Z'<=c1)　　　　　　　　D. (c1>='A')&&(c1<='Z')

答案：D

解答：字符常量在书写时要使用单引号，并且应该同时满足逻辑关系。故选 D。

6. 以下是 if 语句的基本形式：

　　　　if(表达式)语句

其中，"表达式"(　)。

A. 必须是逻辑表达式　　　　　　　　　　B. 必须是关系表达式

C. 必须是逻辑表达式或关系表达式　　　　D. 可以是任意表达式

答案：D

解答：表达式可以是任意表达式。故选 D。

7. 有以下程序：

```
1  #include <stdio.h>
2  int main()
3  {
4      int x=1, y=0;
5      if(!x)
6          y++;
7      else if(x= =0)
8          if(x)   y+=2;
9          else y+=3;
```

10	printf("%d\n", y);
11	return 0;
12	}
13	

程序运行后，输出结果是(   )。

A. 3   B. 2   C. 1   D. 0

答案：D

解答：首先判断 if(!x)为假，所以执行第一个 else 后的语句，再判断 if(x==0)为假，所以直接执行 printf 语句。需要注意的是，第二个 else 和它之前的 if(x)相对应，并不是与 if(x==0)相对应。故选 D。

8. 有以下程序：

1	#include <stdio.h>
2	int main()
3	{
4	int a=1, b=2, c=3;
5	if(a= =1 && b++= =2)
6	if(b!=2 || c--!=3)printf("%d, %d, %d\n", a, b, c);
7	else printf("%d, %d, %d\n", a, b, c);
8	else printf("%d, %d, %d\n", a, b, c);
9	
10	return 0;
11	}
12	

程序运行后，输出结果是(   )。

A. 1, 2, 3   B. 1, 3, 2   C. 1, 3, 3   D. 3, 2, 1

答案：C

解答：执行 if(a= =1 && b++= =2)语句后，表达式为真，并且 a=1，b=3。再执行 if(b!=2 \|\| c--!=3)语句后，表达式为真，因为 b!=2 为真，所以 c--!=3 语句并没有执行，即 b=3，c=3。然后执行第一条 printf 语句。故选 C。

9. 以下程序的输出结果是(   )。

1	#include <stdio.h>
2	int main()
3	{
4	int a=15, b=21, m=0;
5	switch(a%3)
6	{
7	case 0: m++;break;
8	case 1: m++;

9	switch(b%2)
10	{
11	default: m++;
12	case 0: m++;break;
13	}
14	}
15	printf("%d \n", m);
16	
17	return 0;
18	}
19	

A. 1　　　　　　　　B. 2　　　　　　　　C. 3　　　　　　　　D. 4

答案：A

解答：执行 switch(a%3)语句后，再执行 case 0: m++; break; 语句，跳出分支结构，执行 printf 语句。故选 A。

10. 运行下面程序时，从键盘输入字母 H，则输出结果是(　　　)。

1	#include <stdio.h>
2	int main()
3	{
4	char ch;
5	ch=getchar();
6	switch(ch)
7	{
8	case 'H': printf("Hello!\n");
9	case 'G':printf("Good morining!\n");
10	default:printf("Bye_Bye!\n");
11	}
12	return 0;
13	}

A. Hello!　　　　　　B. Hello!　　　　　　C. Hello!　　　　　　D. Hello!

　　　　　　　　　　　Good morning!　　　　Good morning!　　　　Bye_Bye!

　　　　　　　　　　　　　　　　　　　　　Bye_Bye!

答案：C

解答：执行 case 'H' 后面的语句，没有出现 break，所以继续执行下一个 case 后的内容。故选 C。

二、填空题

1. 设 x 为 int 型变量，请写出一个关系表达式_____，用以判断 x 同时为

3 和 7 的倍数关系时表达式的值为真。

答案：(x%3= =0)&&(x%7= =0)

解答：x 能被 3 整除，即 x 除以 3 余数为 0，同时也要能被 3 和 7 整除，运用&&运算符。故输出结果是(x%3==0)&&(x%7==0)。

2. 以下程序运行后的输出结果是_____。

```
1   #include <stdio.h>
2   int main()
3   {
4       int x=20;
5       printf("%d", 0<x<20);
6       printf("%d\n", 0<x&&x<20);
7       return 0;
8   }
9
```

答案：10

解答：在 0 < x < 20 范围内从左至右判断，即 0 < x 为真，即输出 1，然后再判断 1 < 20 为真，因此输出 1。第二条 printf 语句先判断 0 < x 为真，再判断 x < 20 为假，相与运算的结果为假，输出 0。故输出结果是 10。

3. 以下程序运行后的输出结果是_____。

```
1   #include <stdio.h>
2   int main()
3   {
4       int a=-1, b=1;
5       if((++a<0)&&!(b--<=0))
6           printf("%d, %d\n", a, b);
7       else
8           printf("%d, %d\n", b, a);
9       return 0;
10  }
```

答案：1, 0

解答：在 if((++a<0)&&!(b--<=0))表达式中，先判断 ++a<0，再执行 a=0，判断的结果为假。因为 !(b--<=0)未参与运算，所以 b 的值未发生变化。if 表达式为假，执行 else 后的语句。故输出结果是 1, 0。

4. 以下程序运行后的输出结果是_____。

```
1   #include <stdio.h>
2   int main()
3   {
4       int a=1, b=2, c=3, d=0;
```

```
5        if(a= =1)
6        if(b!=2)
7        if(c= =3) d=1;
8            else d=2;
9        else if(c!=3) d=3;
10           else d=4;
11       else d=5;
12       printf("%d\n ", d);
13       return 0;
14   }
15
```

答案：4

解答：本题有多个 if 和多个 else，而且没有加大括号，所以需要先判断 if 和 else 的配对问题，这个程序加上大括号后 if 和 else 配对的形式如下所示：

```
1    #include <stdio.h>
2    int main()
3    {
4        int a=1, b=2, c=3, d=0;
5        if(a= =1)
6        {
7            if(b!=2)
8            {
9                if(c= =3)d=1;
10               else d=2;
11           }
12           else if(c!=3) d=3;
13           else d=4;
14       }
15       else d=5;
16       printf("%d\n ", d);
17       return 0;
18   }
19
```

因为 if(a==1)为真，执行 if(b!=2)语句，其判断的结果为假，所以执行与之相对应的 else 后的语句，即 else if(c!=3)d=3;语句，表达式为假，执行 else d=4;语句。故输出结果是 4。

5. 以下程序运行后的输出结果是_____。

```
1    #include <stdio.h>
2    int main()
```

```
3      {
4          int x=1, y=0, a=0, b=0;
5          switch(x)
6          {
7              case 1:
8                  switch(y)
9                      { case 0: a++;break;
10                        case 1: b++;break;
11                      }
12             case 2: a++; b++; break;
13             case 3: a++; b++;
14         }
15         printf("a=%d, b=%d\n", a, b);
16         return 0;
17     }
18
```

答案：a=2，b=1

解答：运行 switch(x)语句，执行 case 1：语句，再执行空语句后继续执行下一个冒号后的语句，即 switch(y)语句，在执行 case0: a++; break; 语句后，a=1，并跳出 switch(y)语句，继续执行 case 2 后的语句。故输出结果是 a=2，b=1。

三、编程题

1. 从键盘上输入 3 个整数，输出其中的最大值。

解答：3 个整数，若其中任何一个比另外两个都大，则这个数就是最大值。若 3 个整数是 a、b、c，如果 a 比 b 和 c 都大，则 a 就是最大的数。程序代码如下：

```
1      /*================================
2      *程序名称：xt3-1.c
3      *功能：从键盘上输入 3 个整数，输出最大值
4      ================================*/
5      #include <stdio.h>
6      #include <stdlib.h>
7
8      int main()
9      {
10
11         int a, b, c;
12         printf("请输入第一个数：");
13         scanf("%d", &a);
```

14	printf("请输入第二个数：");
15	scanf("%d", &b);
16	printf("请输入第三个数：");
17	scanf("%d", &c);
18	if(a>b&&a>c)
19	printf("最大值是：%d\n", a);
20	else if(b>a&&b>c)
21	printf("最大值是：%d\n", b);
22	else if(c>a&&c>b)
23	printf("最大值是：%d\n", c);
24	else
25	printf("有两个或三个数值相等\n");
26	
27	return 0;
28	}
29	

　　2. 从键盘输入一个点的坐标，输出该点所在的位置。如输入坐标(2，−4)应给出的判断为该点在第四象限，而点(0，−3)在 Y 轴的负半轴上。

　　解答：程序代码如下：

1	/*===========================
2	*程序名称：xt3-2.c
3	*功能：输入一个点的坐标，判断该点的位置
4	==============================*/
5	#include <stdio.h>
6	#include <stdlib.h>
7	int main()
8	{
9	float x, y;
10	printf("请输入一个点的坐标 x, y：");
11	scanf("%f, %f", &x, &y);
12	if(x= =0)
13	{if(y= =0) printf("该点是原点。\n");
14	else {if(y>0) printf("该点位于 Y 轴正半轴。\n");
15	else printf("该点位于 Y 轴负半轴。\n");}
16	}
17	if(y==0)
18	{if(x>0)　printf("该点位于 X 轴正半轴。\n");
19	else　printf("该点位于 X 轴负半轴。\n");}

20	if(x>0)
21	{if(y>0) printf("该点位于第一象限。\n");
22	else printf("该点位于第四象限。\n");}
23	if(x<0)
24	{if(y>0) printf("该点位于第二象限。\n");
25	else printf("该点位于第三象限。\n");}
26	return 0;
27	}
28	

3. 企业发放的奖金根据利润提成而定。当利润(i)低于或等于10万元时,奖金可提10%;当利润高于10万元而低于20万元时,低于10万元的部分按10%提成,高于10万元的部分按7.5%提成;当利润在20万元到40万元之间时,高于20万元的部分可提成5%;当利润在40万元到60万元之间时,高于40万元的部分可提成3%;当利润在60万元到100万元之间时,高于60万元的部分可提成1.5%;当利润高于100万元时,高于100万元的部分按1%提成。从键盘输入当月利润i,求应发放的奖金总额。

解答:程序代码如下:

1	/*===================================
2	*程序名称:当月 xt3-3.c
3	*功能:输入当月利润值,计算发放的奖金金额
4	===================================*/
5	#include <stdio.h>
6	#include <stdlib.h>
7	int main()
8	{
9	float i, y;
10	printf("请输入当月利润 i: ");
11	scanf("%f", &i);
12	if(i<100000) y=i*0.1;
13	else if(i<200000)
14	y=(i-100000)*0.75+100000*0.1;
15	else if(i<400000)
16	y=(i-200000)*0.05+100000*(0.1+0.75);
17	else if(i<600000)
18	y=(i-400000)*0.03+100000*(0.1+0.75)+200000*0.05;
19	else if(i<1000000)
20	y=(i-600000)*0.15+100000*(0.1+0.75)+200000*(0.05+0.03);
21	else
22	y=(i-1000000)*0.01+100000*(0.1+0.75)+200000*(0.05+0.03)+400000*0.15;

23	printf("应发放奖金总数为: %.2f\n", y);
24	return 0;
25	}
26	

4. 编写一个程序，输入某年某月某日，判断这一天是该年的第几天。

解答：程序代码如下：

1	/*==
2	*程序名称：xt3-4.c
3	*功能：输入年月日，计算一天为当年的第几天
4	==*/
5	#include <stdio.h>
6	#include <stdlib.h>
7	int main()
8	{
9	int a, b, c, n;
10	printf("请输入年: ");
11	scanf("%d", &a);
12	printf("请输入月: ");
13	scanf("%d", &b);
14	printf("请输入日: ");
15	scanf("%d", &c);
16	switch(b)
17	{
18	case 1: n=0; break;
19	case 2: n=31; break;
20	case 3: n=31+28; break;
21	case 4: n=31+28+31; break;
22	case 5: n=31+28+31+30; break;
23	case 6: n=31+28+31+30+31; break;
24	case 7: n=31+28+31+30+31+30; break;
25	case 8: n=31+28+31+30+31+30+31; break;
26	case 9: n=31+28+31+30+31+30+31+31; break;
27	case 10: n=31+28+31+30+31+30+31+31+30; break;
28	case 11: n=31+28+31+30+31+30+31+31+30+31; break;
29	case 12: n=31+28+31+30+31+30+31+31+30+31+30; break;
30	default: printf("输入错误! ");
31	}
32	n=n+c;

33	if(a%4= =0&&a%100 !=0 || a%400= =0) n++;
34	printf("%d 年%d 月%d 日是该年的第%d 天。\n", a, b, c, n);
35	return 0;
36	}
37	

5. 编写一个程序,输入 3 个整数 x、y、z,将这 3 个数由小到大输出。

解答:程序代码如下:

1	/*=================================
2	*程序名称:xt3-5.c
3	*功能:输入 3 个整数,将其由小到大输出
4	=================================*/
5	#include <stdio.h>
6	#include <stdlib.h>
7	int main()
8	{
9	int x, y, z, t;
10	printf("请输入数字 x: ");
11	scanf("%d", &x);
12	printf("请输入数字 y: ");
13	scanf("%d", &y);
14	printf("请输入数字 z: ");
15	scanf("%d", &z);
16	if(x>y) { t=x; x=y; y=t;}
17	if(x>z) { t=x; x=z; z=t;}
18	if(y>z) { t=y; y=z; z=t; }
19	printf("从小到大输出:%d, %d, %d\n", x, y, z);
20	return 0;
21	}
22	

6. 输入一个不多于 5 位的正整数,要求输出:

(1) 它是几位数。

(2) 逆序打印出各位数字。

解答:可以用以下两种方法实现。方法一具体的程序代码如下:

1	/*=================================
2	*程序名称:xt3-6-1.c
3	*功能:输入一个不多于 5 位的正整数,统计位数并逆序输出 各个位的数字
4	*方法一:用选择语句实现
5	=================================*/

```
6    #include <stdio.h>
7    #include <stdlib.h>
8    int main()
9    {
10       int x, n, y=0;
11       printf("请输入一个不超过 5 位的正整数：");
12       scanf("%d", &x);
13       if(x>=10000)   n=5;
14        else if(x>=1000) n=4;
15          else if(x>=100) n=3;
16            else if(x>=10) n=2;
17              else   n=1;
18       switch(n)
19       {
20          case 5: y=x%10;        x=x/10;
21          case 4: y=y*10+x%10; x=x/10;
22          case 3: y=y*10+x%10; x=x/10;
23          case 2: y=y*10+x%10; x=x/10;
24          case 1: y=y*10+x%10; break;
25          default: break;
26       }
27       printf("这是一个%d 位数\n", n);
28       printf("逆序输出为：  %d\n", y);
29       return 0;
30   }
```

方法二具体的程序代码如下：

```
1    /*===========================================
2    *程序名称：xt3-6-2.c
3    *功能：输入一个不多于 5 位的正整数，统计位数并逆序输出各个位的数
4    *方法二：用循环方式实现
5    =============================================*/
6    #include <stdio.h>
7    #include <stdlib.h>
8    int main()
9    {
10       int x, n, y;
11       printf("请输入一个正整数：");
12       scanf("%d", &x);
```

13	n=0; y=0;
14	while(x>0)
15	{
16	y=y*10+x%10;
17	n++;
18	x=x/10;
19	}
20	printf("这是一个%d 位数\n", n);
21	printf("逆序输出为：%d\n", y);
22	return 0;
23	}
24	

7. 输入一个整数，判断其是奇数还是偶数。

解答：判断奇数还是偶数，可以用该数除以 2 的余数来判断，若余数是 0，则是偶数，余数不是 0，就是奇数。程序代码如下：

1	/*=======================================
2	*程序名称：xt3-7.c
3	*功能：输入一个整数，判断其是奇数还是偶数
4	=======================================*/
5	#include <stdio.h>
6	#include <stdlib.h>
7	
8	
9	int main()
10	{
11	
12	int number;
13	
14	printf("请输入一个整数: ");
15	scanf("%d", &number);
16	
17	if(number % 2 = = 0)
18	printf("%d 是偶数。", number);
19	else
20	printf("%d 是奇数。", number);
21	
22	return 0;
23	}

8. 用户输入一个字符，判断该字符是否为一个字母。

解答：字符在内存中保存了字符对应的 ASCII 码，观察 ASCII 码表可以得知，大字字母和小写字母的编码都是连续的，而且按照 A～Z 的顺序排列。判断字符是否是大写字母可以用式子 C>='A'&&C<='Z'，判断是否是小写字母可以用式子 C>='a'&&C<='z'。程序代码如下：

```
1    /*========================================
2    *程序名称：xt3-8.c
3    *功能：判断输入的字符是否为一个字母
4    ========================================*/
5    #include <stdio.h>
6    #include <stdlib.h>
7
8
9    int main()
10   {
11
12       char c;
13       printf("输入一个字符: ");
14       scanf("%c", &c);
15
16       if( (c>='a' && c<='z') || (c>='A' && c<='Z'))
17           printf("%c 是字母", c);
18       else
19           printf("%c 不是字母", c);
20
21       return 0;
22   }
23
```

第 7 章 项目 4 习题解答

一、选择题

1. 有以下程序：

```
1   #include <stdio.h>
2   int main()
3   {
4       int n=2, k=0;
5       while(k++&&n++>2);
6       printf("%d%d\n", k, n);
7       return 0;
8   }
9
```

程序运行后的输出结果是(   )。

A. 02   B. 13   C. 57   D. 12

答案：D

解答：执行 while(k++&&n++>2);语句，判断 k++为假，然后 k=1，而 n++>2 没有执行。故选 D。

2. 设有以下程序：

```
1    #include <stdio.h>
2    int main()
3    {
4        int x=8;
5        for( ;x>0;x--)
6        {
7            if(x%3)
8            {
9                printf("%d, ", x--);
10               continue;
11           }
12       printf("%d, ", --x); }
```

13	return 0;
14	}
15	

程序运行后的输出结果是( )。

答案：D

A. 7, 4, 2,   B. 8, 7, 5, 2,   C. 9, 7, 6, 4,   D. 8, 5, 4, 2,

解答：if(x%3)语句表示当 x 不能被 3 整除时，表达式为真。continue 语句则是结束本次循环的。当 x = 8 时，if 语句为真，输出 8，x = 7，跳出本次循环。然后执行 for 循环中的 x-- 语句，x = 6，if 语句为假，执行第二个 printf 语句，输出 5，x = 5，本次循环结束。然后 x = 4，if 语句为真，输出 4，x = 3，跳出本次循环。X = 2，if 为真，输出 2，x = 1，跳出本次循环。X = 0，结束整个 for 循环。故选 D。

3. 以下不能构成无限循环的语句或语句组是( )。

A. n=0;   B. n=0;

   do{ ++n;}while(n<=0);   while(1){n++;}

C. n=10;   D. for(n=0, i=1;;i++)

   while(n);{n--;}   n+=i;

答案：A

解答：B 选项是死循环；在 C 选项中，循环体是空语句，故为死循环；在 D 选项中，没有判断循环结束的条件，即为死循环。故选 A。

4. 有以下程序：

```
#include <stdio.h>
int main()
{
    int y=9;
    for( ; y>0; y--)
    {
        if(y%3= =0)
        printf("%d", --y);
    }
    return 0;
}
```

程序运行后的输出结果是( )。

A. 741   B. 963   C. 852   D. 875421

答案：C

解答：y = 9，if 语句为真，输出 8；y = 7，if 语句为假，不输出；y = 6，if 语句为真，输出 5；y = 4，if 语句为假，不输出；y = 3，if 语句为真，输出 2；y = 1，if 为假，不输出；y = 0，循环结束。故选 C。

5. 设有以下程序段:

1	int x=0, s=0;
2	while(!x!=0)
3	s+=++x;
4	printf("%d", s);
5	

以下说法正确的是(　　)。

A. 运行程序段后输出 0 　　　　　　　　B. 运行程序段后输出 1

C. 程序段中控制表达式是非法的 　　　　D. 程序段被执行无限次

答案: B

解答: 在 while(!x!=0)语句中, x 的初始值为 0, !x 为真, 即判断 1!=0, 表达式为真, 执行 s+=++x, 即 x=1, s=1, 循环体结束。再次判断该循环条件, !x 为假, 即判断 0!=0, 表达式为假, 循环结束, 执行 printf 语句。故选 B。

6. 有以下程序:

1	#include <stdio.h>
2	int main()
3	{
4	int i=5;
5	do
6	{
7	if(i%3= =1)
8	if(i%5= =2)
9	{
10	printf("*%d", i);
11	break;
12	}
13	i++;
14	}while(i!=0);
15	return 0;
16	}
17	

程序运行后的输出结果是(　　)。

A. *7 　　　　　　　　B. *5 　　　　　　　C. *3*5 　　　　　　　D. *2*6

答案: A

解答: i=5, i%3==1 为假, i++, 即 i=6, 继续循环; i%3==1 为假, i++, 即 i=7, 继续循环; i%3==1 为真, i%5==2 为真, 执行 printf 语句, 输出 *7, 遇到 break, 结束整个循环。故选 A。

7. 有以下程序:

```
1    #include <stdio.h>
2    int main()
3    {
4        char cs;
5        while((cs=getchar())!='\n')
6        {
7            switch(cs-'2')
8            {
9                case 0:
10               case 1:putchar(cs+4);
11               case 2:putchar(cs+4); break;
12               case 3:putchar(cs+3);
13               default: putchar(cs+2);
14           }
15       }
16
17       return 0;
18   }
19
```

若程序执行后输入"2473"，则输出结果是(　　　)。

A. 668977　　　　　　B. 668966　　　　　　C. 6677877　　　　D. 6688766

答案：A

解答：执行 while((cs=getchar())!='\n')语句，当在字符串中遇到 '\n' 字符就结束循环。cs='2'，执行 case 0:后面的语句，遇到 break，循环结束，输出 66；cs='4'，执行 case 2 后面的语句，输出 8，循环结束；cs='7'，执行 default 后的语句，输出 9；cs='3'，执行 case1:putchar(cs+4); case2:putchar(cs+4); break; 语句，输出 77。故选 A。

8. 有以下程序：

```
1    #include <stdio.h>
2    int main()
3    {
4        int k=5, n=0;
5        do
6        {
7            switch(k)
8            {
9                case 1:
10               case 3: n+=1; k--; break;
11               default: n=0; k--;
```

12	case 2:
13	case 4: n+=2; k--; break;
14	}
15	printf("%d", n);
16	} while(k>0 && n<5);
17	
18	return 0;
19	}
20	

程序运行后的输出结果是( )。

A. 235　　　　　　B. 0235　　　　　　C. 02356　　　　　　D. 2356

答案：A

解答：k=5，执行 default:n=0; k--; case2:case4:n+=2; k--; 语句，遇到 break 跳出循环，即 k=3，n=2，输出 2；判断满足循环条件。k=3，执行 case 3:n+=1; k--; 语句，遇到 break 跳出循环，即 n=3，k=2，输出 3，判断满足循环条件。k=2，执行 case 2: case 4:n+=2; k--; 语句，遇到 break 跳出循环，即 n=5，k=1，输出 5，循环结束。故选 A。

9. 有以下程序：

1	#include <stdio.h>
2	int main()
3	{
4	int a, b;
5	for(a=1, b=1;a<=10;a++)
6	{
7	if(b%3= =1)
8	{
9	b+=3;
10	continue;
11	}
12	b-=5;
13	}
14	printf("%d\n", a);
15	return 0;
16	}
17	

程序运行后的输出结果是( )。

A. 7　　　　　　B. 8　　　　　　C. 9　　　　　　D. 11

答案：D

解答：该题最后的输出语句 printf("%d\n", a); 仅仅是求变量 a 的数值，因此可以只计算

a 的数值。此题的 for 语句的循环条件为 a≤10 的同时循环变量 a 每次自增 1(a++)，因为循环体中进行计算的是变量 b，而循环体中没有对变量 a 做任何的改变，所以变量 a 就从数值 1 开始，逐次增加 1，一直增加到 11，不满足循环条件 a≤10 而退出循环，最后 a=11。故选 D。

10. 有以下程序：

```
1   #include <stdio.h>
2   int main()
3   {
4       int i, j, x=0;
5       for(i=0;i<2;i++)
6       {
7           x++;
8           for(j=0; j<=3; j++)
9           {
10              if(j%2) continue;
11              x++;
12          }
13          x++;
14      }
15      printf("x=%d\n", x);
16
17      return 0;
18  }
19
```

程序运行后的输出结果是(　　　)。

A. x=4　　　　　　B. x=6　　　　　　C. x=8　　　　　　D. x=12

答案：C

解答：i=0，满足外循环条件。x=1，j=0，if 为假，x=2；j=1，if 为真，跳出内循环；j=2，if 为假，x=3；j=3，if 为真，跳出内循环；j=4，内循环结束。x=4；第一轮外循环结束。i=1，满足外循环条件。x=5，j=0，if 为假，x=6；　j=1，if 为真，跳出内循环；j=2，if 为假，x=7；j=3，if 为真，跳出内循环；j=4，内循环结束。x=8；第二轮外循环结束。i=2，结束外循环。故选 C。

二、填空题

1. 有以下程序段，且变量已正确定义和赋值：

```
1   for(s=1.0, k=1; k<=n; k++)
2       s=s+1.0/(k*(k+1));
3   printf("s=%f\n", s);
```

请填空，使下面程序段的功能与之完全相同。

1	s=1.0; k=1;
2	while(_____)
3	{
4	s=s+1.0/(k*(k+1));
5	_____
6	}
7	printf("s=%f\n", s);
8	

答案：k<=n，k++;

解答：第一处空白为 k<=n 语句，第二处空白为 k++; 语句，注意要书写分号。

2. 以下程序的运行结果是_____。

1	#include <stdio.h>
2	int main()
3	{
4	int i=0, j=10, k=2, s=0;
5	for(; ;)
6	{
7	i+=k;
8	if(i>j)
9	{
10	printf("%d\n", s);
11	break;
12	}
13	s+=i ;
14	}
15	return 0;
16	}
17	

答案：30

解答：for 循环没有给出循环条件，即认为循环条件恒为真；当循环体遇到 break，循环结束。程序运行后的输出结果是 30。

3. 以下程序的运行结果是_____。

1	#include <stdio.h>
2	int main()
3	{
4	int k=1, s=5;

```
5         do
6         {
7             if( (k%2)!=0 ) continue;
8             s+=k; k++;
9         } while(k>10);
10        printf("s=%d", s);
11        return 0;
12    }
13
```

答案：s=5

解答：continue 语句是结束本次循环的。程序运行后的输出结果为 s=5。

4. 有以下程序：

```
1     #include <stdio.h>
2     int main()
3     {
4         int m, n;
5         scanf("%d %d", &m, &n);
6         while(m!=n)
7         {
8             while(m>n) m=m-n;
9             while(m<n) n=n-m;
10        }
11        printf("%d\n", m);
12        return 0;
13    }
14
```

程序运行后，当输入 14 63<回车>时，输出结果是 _____。

答案：7

解答：不要误把 while 循环条件当成 if 语句来执行，循环体需要多次被执行。经过多次运算后，m=n=7，最后的输出结果是 7。

5. 以下程序的运行结果是_____。

```
1     #include <stdio.h>
2     int main()
3     {
4         int f, f1, f2, i;
5         f1=0; f2=1;
6         printf("%d%d", f1, f2);
7         for(i=3; i<=5; i++)
```

8	{
9	f=f1+f2; printf("%d", f);
10	f1=f2; f2=f;
11	}
12	printf("\n");
13	return 0;
14	}
15	

答案：01123

解答：先输出 01，经过三轮循环，最后的输出结果是 01123。

三、编程题

1. 为了在长途大巴上消磨时间，在美国长大的年轻人有时会反复地唱下面这首歌：

我有 99 瓶啤酒，

99 瓶啤酒，

你打开一瓶，然后喝光了它，

我只有 98 瓶啤酒了。

我有 98 瓶啤酒，

98 瓶啤酒，

你打开一瓶，然后喝光了它，

我只有 97 瓶啤酒了。

我有 97 瓶啤酒，

……

找到歌词的规律后，编写一个程序来生成这首歌的歌词。

解答：程序代码如下：

1	/*===============================
2	*程序名称：xt4-1.c
3	*功能：显示"我有 n 瓶啤酒"的歌词
4	===============================*/
5	#include <stdio.h>
6	#include <stdlib.h>
7	int main()
8	{
9	int i;
10	for(i=99; i>1; i--)
11	{

12	printf("我有%d 瓶啤酒，\n", i);
13	printf("%d 瓶啤酒，\n", i);
14	printf("你打开一瓶，然后喝光了它，\n");
15	printf("我只有%d 瓶啤酒了。\n\n", i-1);
16	}
17	return 0;
18	}
19	

2. 有一首由来已久的歌"This Old Man"，它的第一节是

This old man, he played one.

He played knick-knack on my jumb.

With a knick-knack，paddywhack，

Give a dog a bone.

This old man came rolling home.

接下来的每一节除了第一行的数字和第二行结尾的押韵词以外都是一样的，这些押韵词分别是

2-shoe	5-hive	8-pate
3-knee	6-sticks	9-spine
4-door	7-heaven	10-shin

编写一个程序显示这首歌的所有 10 个小节。

解答：此题可以用 switch 语句来实现，具体的程序代码如下：

1	/*===============================
2	*程序名称：xt4-2-1.c
3	*功能：显示"This Old Man"的歌词
4	*方法一：用 switch 语句实现
5	===============================*/
6	#include <stdio.h>
7	#include <stdlib.h>
8	int main()
9	{
10	int i;
11	for(i=1;i<=10;i++)
12	{
13	printf("This old man, he played %d.\n", i);
14	printf("He played knick-knack on my ");
15	switch(i)
16	{
17	case 1:printf("jumb.\n");break;

```
18          case 2:printf("shoe.\n"); break;
19          case 3:printf("knee.\n"); break;
20          case 4:printf("door.\n"); break;
21          case 5:printf("hive.\n"); break;
22          case 6:printf("sticks.\n"); break;
23          case 7:printf("heaven.\n"); break;
24          case 8:printf("pate.\n"); break;
25          case 9:printf("spine.\n"); break;
26          case 10:printf("shin.\n"); break;
27          default:      break;
28          }
29          printf("With a knick-knack, paddywhack, \n");
30          printf("Give a dog a bone, \n");
31          printf("This old man came rolling home.\n\n");
32      }
33      return 0;
34  }
35
```

此题也可以用字符数组保存押韵的单词来实现，具体的程序代码如下：

```
1   /*==============================
2   *程序名称：xt4-2-2.c
3   *功能：显示"This Old Man"的歌词
4   *方法二：用字符数组实现
5   ==============================*/
6   #include <stdio.h>
7   #include <stdlib.h>
8   int main()
9   {
10      int i;
11      char str[][7]={"jumb", "shoe", "knee", "door", "hive", "sticks", "heaven", "pate", "spine", "shin"};
12      for(i=0; i<10; i++)
13      {
14          printf("This old man, he played %d.\n", i+1);
15          printf("He played knick-knack on my %s.\n", str[i]);
16          printf("With a knick-knack, paddywhack, \n");
17          printf("Give a dog a bone, \n");
18          printf("This old man came rolling home.\n\n");
19      }
```

20	return 0;
21	}
22	

3. Why is everything either at sixes or at sevens?

　　　　　　　　　—— Gilbert and Sullivan，H.M.S.Pinafore，1878

编写一个程序，显示 1～100 之间所有能被 6 或 7 整除的整数。

解答：程序代码如下：

1	/*=======================================
2	*程序名称：xt4-3.c
3	*功能：显示 100 以内能被 6 或 7 整除的整数
4	==*/
5	#include <stdio.h>
6	#include <stdlib.h>
7	int main()
8	{
9	int i, n=0;
10	for(i=6; i<100; i++)
11	{
12	if(i%6= =0 || i%7= =0)
13	{ n++;
14	printf("%5d", i);
15	if(n%10= =0) printf("\n");　}
16	}
17	return 0;
18	}
19	

4. 重做第 3 个练习，但要求程序只显示 100 以内只能被 6 或 7 整除，而不能被两者同时整除的数。

解答：程序代码如下：

1	/*=======================================
2	*程序名称：xt4-4.c
3	*功能：显示 100 以内能被 6 或 7 整除
4	但不能被两者同时整除的数
5	==*/
6	#include <stdio.h>
7	#include <stdlib.h>
8	int main()
9	{

```
10        int i, n=0;
11        for(i=6; i<100; i++)
12        {
13            if( (i%6= =0 || i%7= =0) && i%42!=0)
14            {n++;
15                printf("%5d", i);
16                if(n%10= =0) printf("\n");    }
17        }
18        return 0;
19    }
20
```

5. 有 1、2、3、4 四个数字，能组成多少个互不相同且无重复数字的三位数？都是多少？

解答：程序代码如下：

```
1    /*=====================================
2    *程序名称：xt4-5.c
3    *功能：显示所有由 1、2、3、4 构成的三位数
4    ====================================*/
5    #include <stdio.h>
6    #include <stdlib.h>
7    int main()
8    {
9        int a, b, c, n=0;
10        for(a=1; a<5; a++)
11        for(b=1; b<5; b++)
12        for(c=1; c<5; c++)
13        {
14            if( a!=b && a!=c && b!=c)
15            {n++;
16                printf("%5d", a*100+b*10+c);
17                if(n%8= =0) printf("\n");    }
18        }
19        printf("\n 一共有%d 个数\n", n);
20        return 0;
21    }
```

6. 一个整数加上 100 后是一个完全平方数，再加上 168 又是一个完全平方数，求该数是多少？(完全平方数是另一个整数的完全平方，如 4、9、16、25 等都是完全平方数。)

解答：根据题目得知 $a \times a = x + 100$，$b \times b = x + 268$，由此可以判断 $a > 10$，$b > 16$，用

循环方式查找满足条件的 x。具体的程序代码如下：

```
1    /*======================================
2    *程序名称：xt4-6.c
3    *功能：该数加上 100 是一个数的完全平方数，
4              再加上 168 又是另一个数的完全平方数
5    ======================================*/
6    #include <stdio.h>
7    #include <stdlib.h>
8    int main()
9    {
10       int a, b, x;
11       for(a=10; a<100; a++)
12       for(b=16; b<100; b++)
13       if(a*a-100==b*b-268)
14       x=a*a-100;
15       printf("数值是：%d\n", x);
16       return 0;
17   }
```

7. 输出 9×9 乘法口诀。

解答：程序代码如下：

```
1    /*======================================
2    *程序名称：xt4-7.c
3    *功能：输出 9*9 乘法口诀
4    ======================================*/
5    #include <stdio.h>
6    #include <stdlib.h>
7    int main()
8    {
9        int i, j;
10       for(i=1; i<=9; i++)
11       {
12       for(j=1; j<=i; j++)
13         printf("%d*%d=%d\t", j, i, i*j);
14        printf("\n");
15       }
16       return 0;
17   }
18
```

8. 古典问题：有一对兔子，从出生后第 3 个月起每个月都生两只兔子，小兔子长到第 3 个月后每个月又生两只兔子，假设兔子都不死，问每个月的兔子总数为多少？

解答：此题目是经典的斐波那契(Fibonacci)数列，即　1，1，2，3，5，8，13…该数列的规律是第 1、第 2 项都是 1，从第 3 项开始，都是其前两项之和，并且有固定循环次数，因此可以用 for 循环实现。这里将用到迭代算法，其基本思想是：不断地用新值取代变量的旧值或由旧值递推出变量的新值。具体程序代码如下：

```
1    /*=================================================
2    *程序名称：xt4-8.c
3    *功能：兔子繁殖(Fibonacci 数列)问题
4    =================================================*/
5    #include <stdio.h>
6    #include <stdlib.h>
7    int main()
8    {
9        long int f1, f2;
10       int i;
11       f1=1; f2=1;
12       for(i=1; i<=10; i++)
13       {
14        printf("%12ld %12ld ", f1, f2);
15        if(i%2= =0) printf("\n");
16        f1=f1+f2;
17        f2=f2+f1;
18       }
19     return 0;
20   }
21
```

9. 通过键盘输入一个数，判断其是否为素数。

解答：素数的定义：质数又称素数。一个大于 1 的自然数，除了 1 和它自身外，不能被其他自然数整除的数叫作质数；否则称为合数(规定 1 既不是质数也不是合数)。判断素数需要用 break。要判断数 n 是不是素数，用 i 遍历 2~n 之间的数是否能被 n 整除，能整除就 break 退出循环，这样 i 的值就会小于 n。若 n 是素数，则 i 的数值会加到 n。程序代码如下：

```
1    /*=================================
2    *程序名称：xt4-9.c
3    *功能：判断一个数是否为素数
4    =================================*/
5    #include <stdio.h>
```

6	#include <stdlib.h>
7	int main()
8	{
9	int n, i;
10	printf("请输入一个数：");
11	scanf("%d", &n);
12	for(i=2; i<n; i++)
13	{
14	if(n%i==0)
15	break;
16	}
17	if(i>=n)　printf("%d 是素数　\n", n);
18	else　printf("%d 不是素数\n", n);
19	return 0;
20	}

上述这种方法要逐个判断 $2 \sim n$ 的数，程序执行起来非常慢，运算量很大。我们可以对计算方法进行优化。观察合数的因数，其因数都是成对出现的，有一个小的因数就会有一个大的因数，一个因数在 $2 \sim \sqrt{n}$ 之间，则另一个因数在 $\sqrt{n} \sim n$ 之间；若在 $2 \sim \sqrt{n}$ 之间没有约数，则在 $\sqrt{n} \sim n$ 之间也没有约数，就是一个素数了。所以，可以不用判断 $2 \sim n$ 之间的数，只需要判断 $2 \sim \sqrt{n}$ 即可。优化后的程序代码如下：

1	/*==========================
2	*程序名称：xt4-9-1.c
3	*功能：判断一个数是否为素数
4	==============================*/
5	#include <stdio.h>
6	#include <stdlib.h>
7	#include<math.h>
8	int main()
9	{
10	int n, i, k;
11	printf("请输入一个数：");
12	scanf("%d", &n);
13	k=sqrt(n)+1;
14	for(i=2; i<k; i++)
15	{
16	if(n%i= =0)
17	break;

18	}
19	if(i>=k)　printf("%d 是素数　\n", n);
20	else　　printf("%d 不是素数\n", n);
21	
22	return 0;
23	}
24	

10. 输出所有的"水仙花数"。所谓"水仙花数"是指一个三位数，其各位数字立方和等于该数本身。例如，153 是一个"水仙花数"，因为 $153 = 1^3 + 5^3 + 3^3$。

解答：根据水仙花数的定义：水仙花数是一个三位数，其各位数字立方和等于该数本身。用 for 循环使 n 遍历 100～1000，先分解百位、十位、个位数，然后计算各位数字的立方和是否等于该数本身，若等于该数则输出这个数。程序代码如下：

1	/*================================
2	*程序名称：xt4-10.c
3	*功能：输出水仙花数
4	================================*/
5	#include <stdio.h>
6	#include <stdlib.h>
7	int main()
8	{
9	int n, bai, shi, ge;
10	printf("水仙花数：\n");
11	for(n=100; n<1000; n++)
12	{
13	bai=n/100%10;
14	shi=n/10%10;
15	ge=n%10;
16	if(n= =bai*bai*bai+shi*shi*shi+ge*ge*ge)
17	printf("%5d", n);
18	}
19	return 0;
20	}
21	

11. 将一个正整数分解质因数。例如：输入 90，打印出 90=2*3*3*5。

解答：对 n 进行分解质因数，应先找到一个最小的质数 k，然后按下述步骤完成：

(1) 如果这个质数恰等于(小于的时候，继续执行循环)n，则说明分解质因数的过程已经结束，打印结果即可。

(2) 如果 n 能被 k 整除，则应打印出 k 的值，并用 n 除以 k 的商作为新的正整数 n，重复执行第(2)步。

    (3) 如果 n 不能被 k 整除，则用 k+1 作为 k 的值，重复执行第(1)步。

    完整的程序代码如下：

```
1    /*================================
2    *程序名称：xt4-11.c
3    *功能：将一个正整数分解质因数
4    ================================*/
5    #include <stdio.h>
6    #include <stdlib.h>
7
8    int main()
9    {
10       int n, i;
11       printf("请输入整数: ");
12       scanf("%d", &n);
13       printf("%d=1*", n);
14       for(i=2; i<=n; i++)
15       {
16           while(n%i= =0)
17           {
18               printf("%d", i);
19               n/=i;
20               if(n!=1) printf("*");
21           }
22       }
23
24       printf("\n");
25
26       return 0;
27   }
```

    12. 输出 10～30 之间的所有奇数。

    解答：可以用 for 循环遍历 10～30 内所有的数，然后用 if 语句判断是否是奇数，是奇数就输出。程序代码如下：

```
1    /*================================
2    *程序名称：xt4-12.c
3    *功能：输出 10～30 之间的所有奇数
4    ================================*/
5    #include <stdio.h>
```

```
6    #include <stdlib.h>
7    int main() {
8        int i;
9        for(i = 10; i <= 30; i++)
10       {
11           if(i%2 = = 0)
12               printf(" %4d", i);
13       }
14       return 0;
15   }
```

13. 一个数如果恰好等于它的因子之和，这个数就称为"完数"，如 6 = 1 + 2 + 3。编写一个程序，要求输出 1000 以内的所有完数。

解答：程序代码如下：

```
1    /*=======================================================
2    *程序名称：xt4-13.c
3    *功能：输出 1000 以内的所有完数
4    =======================================================*/
5    #include <stdio.h>
6    #include <stdlib.h>
7    int main()
8    {
9        int x, i, s;
10       printf("1000 以内的完数：\n");
11       for(x=2; x<1000; x++)
12       {
13           s=0;
14           for(i=1; i<x; i++)
15           {
16               if(x%i= =0)
17                   s+=i;
18               if(s= =x)
19               {
20                   printf("%5d", x);
21                   break;
22               }
23           }
24   }
25
```

26	return 0;
27	}
28	

14. 一个小球从 100 米的高度自由落下，每次落地后反跳回原高度的一半再落下，求它在第 10 次落地时，共经过多少米？第 10 次反弹的高度是多少？

解答：程序代码如下：

1	/*==
2	*程序名称：xt4-14.c
3	*功能：计算小球反弹的高度
4	==*/
5	#include <stdio.h>
6	#include <stdlib.h>
7	int main()
8	{
9	float s, h;
10	int i;
11	s=0; h=100;
12	for(i=0; i<10; i++)
13	{
14	s+=h;
15	h=h/2;
16	s+=h;
17	}
18	printf("经过 10 次反弹以后：\n");
19	printf("\n 一共经过%.2f 米\n", s);
20	printf("第 10 次反弹高度是：%.2f 米\n", h);
21	return 0;
22	}
23	

15. 猴子吃桃问题：猴子第一天摘下若干个桃子，当即吃了一半，还不过瘾，又多吃了一个。第二天早上又将剩下的桃子吃掉一半，又多吃了一个。以后每天早上都吃了前一天剩下的一半零一个。到第 10 天早上想再吃时，只剩下一个桃子了。求第一天共摘了多少个桃子？

解答：找到规律，即前一天的桃子数一定是当天桃子数加 1 的 2 倍。程序代码如下：

1	/*==
2	*程序名称：xt4-15.c
3	*功能：猴子吃桃问题
4	==*/

```
5    #include <stdio.h>
6    #include <stdlib.h>
7    int main()
8    {
9        int i, sum=1;
10       for(i=1; i<10; i++)
11       {
12           sum=(sum+1)*2;
13       }
14       printf("一共有%d 个桃子\n", sum);
15       return 0;
16   }
17
```

16. 从键盘输入一个整数, 判断该整数是几位数。

解答: 判断整数是几位数, 可以把整数 n 除以 10, 每除一次 10, 就计数 1 位, 直到 n 的值变为 0 停止。可以用 while 语句实现, 程序代码如下:

```
1    /*================================
2    *程序名称: xt4-16.c
3    *功能: 判断整数是几位数
4    ================================*/
5
6    #include <stdio.h>
7    int main()
8    {
9        int   n;
10       int count = 0;
11
12       printf("输入一个整数: ");
13       scanf("%d", &n);
14
15       while(n != 0)
16       {
17           n /= 10;
18           count++;
19       }
20
21       printf("数字是 %d 位数。", count);
22   }
```

17. 输出以下的杨辉三角形(要求输出 10 行):

```
            1
            1    1
            1    2    1
            1    3    3    1
            1    4    6    4    1
            1    5    10   10   5    1
```

解答：程序代码如下：

```
1    /*=================================================
2    *程序名称：xt4-17.c
3    *功能：输出杨辉三角形
4    =================================================*/
5    #include <stdio.h>
6    #include <stdlib.h>
7    int main()
8    {
9        int i, j, k;
10       for(i=1; i<=10; i++)
11       {
12         k=1;
13         for(j=1; j<i; j++)
14         { printf("%5d", k);
15              k=k*(i-j)/j; }
16         printf("%5d\n", 1);
17       }
18       return 0;
19   }
20
```

18. 编写一个程序，通过键盘输入一系列整数，直到用户输入标志值 0 为止，当用户输入标志值时，要求程序显示之前输入数据的最大值。其运行的界面如下：

本程序可以求出输入数据的最大值。

数据输入完毕后用 0 结束。

请输入数据。

请输入一个整数：**78**↵

请输入一个整数：**67**↵

请输入一个整数：**86**↵

请输入一个整数：**53**↵

请输入一个整数：**70**↵

请输入一个整数：**120**↵

请输入一个整数：**0**↵

最大的数值是：120

解答：程序代码如下：

```
1    /*=====================================
2    *程序名称：xt4-18.c
3    *功能：输入一系列整数，直到输入 0 结束，输出所输入数据的最大值
4    =====================================*/
5    #include <stdio.h>
6    #include <stdlib.h>
7    int main()
8    {
9        int x, max;
10       printf("本程序可以求出输入数据的最大值。\n");
11       printf("数据输入完毕后用 0 结束。\n");
12
13       printf("请输入数据。\n");
14       printf("请输入一个整数：");
15       scanf("%d", &x);
16       max=x;
17       while(x!=0)
18       {
19           printf("请输入一个整数：");
20           scanf("%d", &x);
21           if(max<x) max=x;
22       }
23       printf("最大的数值是：%d\n", max);
24       return 0;
25   }
26
```

19. 计算 m 的 n 次方(m 和 n 都是正整数)。

解答：(1) 计算 m 的 n 次方，就是把 m 乘以 n 次，可以用 for 循环完成。因为 m 的 n 次方的结果会是一个非常大的数，所以存放结果的数据类型为 double 类型。程序代码如下：

```
1    /*===============================
2    *程序名称：xt4-19-1.c
3    *功能：用 for 循环计算 m 的 n 次方
4    ===============================*/
5    #include <stdio.h>
6    #include <stdlib.h>
7
8    int main()
9    {
10       int m, n;
```

```
11        double sum;
12        int i;
13        printf("本程序计算 m 的 n 次方\n");
14        printf("需要输入 m 和 n 的值\n");
15        printf("请输入 m 的值：");
16        scanf("%d", &m);
17        printf("请输入 n 的值：");
18        scanf("%d", &n);
19        sum=1;
20        for(i=0; i<n; i++)
21        {
22            sum *=m;
23        }
24        printf("%d 的%d 次方是：%lf\n", m, n, sum);
25
26        return 0;
27    }
28
```

(2) 若使用数学库函数 math.h 的 pow 函数，也可以完成 m 的 n 次方计算。程序代码如下：

```
1     /*================================
2     *程序名称：xt4-19-2.c
3     *功能：用 pow 函数计算 m 的 n 次方
4     ===============================*/
5
6     #include <stdio.h>
7     #include <stdlib.h>
8     #include<math.h>
9
10    int main()
11    {
12
13        int m, n;
14        double sum;
15
16
17        printf("本程序计算 m 的 n 次方\n");
18        printf("需要输入 m 和 n 的值\n");
19        printf("请输入 m 的值：");
20        scanf("%d", &m);
```

```
21          printf("请输入 n 的值：");
22          scanf("%d", &n);
23          sum=pow(m, n);
24          printf("%d 的%d 次方是：%lf\n", m, n, sum);
25
26          return 0;
27    }
28
```

20. 把一个正整数变成它的逆序数，假设 n=3245，则其逆序数 m=5423。

解答：程序代码如下：

```
1       /*==================================
2       *程序名称：xt4-20.c
3       *功能：把一个正整数变成它的逆序数
4       ==================================*/
5       #include <stdio.h>
6       #include <stdlib.h>
7
8       int main()
9       {
10          int n, m, temp, original;
11          m=0;
12          printf("输入一个整数: ");
13          scanf("%d", &n);
14          //先把 n 的值暂时保存
15          original = n;
16           // 把 n 的数逆序保存在 m 中
17          while( n!=0 )
18          {
19              temp = n%10;
20              m = m*10 + temp;
21              n /= 10;
22          }
23          //还原 n 的值
24          n=original;
25          printf("%d 的逆序数是%d\n", n, m);
26
27          return 0;
28    }
29
```

21. 判断一个数是否为回文数。设 n 是一任意自然数，若将 n 的各位数字反向排列所得的自然数 n1 与 n 相等，则称 n 为一回文数。例如，若 n = 1234321，则称 n 为一回文数；若 n = 1234567，则 n 不是回文数。

解答：判断 n 是不是回文数，可以先把 n 进行逆序，如果 n 的逆序数与 n 一样，则 n 就是回文数，否则就不是回文数。程序代码如下：

```
1    /*===============================
2    *程序名称：xt4-21.c
3    *功能：判断一个数是否为回文数
4    ===============================*/
5    #include <stdio.h>
6    #include <stdlib.h>
7
8    int main()
9    {
10       int n, reversedInteger = 0, remainder, originalInteger;
11
12       printf("输入一个整数: ");
13       scanf("%d", &n);
14       //先把 n 的值暂时保存
15       originalInteger = n;
16
17       //把 n 的数逆序保存在 reversedInteger 中
18       while( n!=0 )
19       {
20           remainder = n%10;
21           reversedInteger = reversedInteger*10 + remainder;
22           n /= 10;
23       }
24
25       // 判断
26       if (originalInteger = = reversedInteger)
27           printf("%d  是回文数。", originalInteger);
28       else
29           printf("%d  不是回文数。", originalInteger);
30
31       return 0;
32   }
33
```

22. 求一个整数的所有因数。假如 a × b = n(a、b、n 都是整数)，那么我们称 a 和 b 就是 n 的因数。

解答：求一个数 n 的因数，就是在 1～n 之间查找是否能整除 n 的数，所有能整除 n 的数就是 n 的因数。程序代码如下：

```
1    /*===============================
2    *程序名称：xt4-22.c
3    *功能：求一个整数的所有因数
4    ===============================*/
5    #include <stdio.h>
6    #include <stdlib.h>
7    #include<math.h>
8    int main()
9    {
10
11       int n, i;
12       printf("请输入 n 的值：");
13       scanf("%d", &n);
14       printf("%d 的因数有：", n);
15       for(i=1; i<=n; i++)
16       {
17           if(n%i= =0)
18               printf("%d   ", i);
19       }
20
21       return 0;
22    }
23
```

23. 寻找两个数的所有公因数。从键盘输入两个数，输出这两个数的所有公因数。

解答：要找到两个数 num1 和 num2 的所有公因数，则需要先找出两个数最小的那个数 (min)，然后遍历 1～min 之间所有的数，判断这些数能否同时整除 num1 和 num2，如果能整除，则其就是公因数。程序代码如下：

```
1    /*===============================
2    *程序名称：xt4-23.c
3    *功能：寻找两数的所有公因数
4    ===============================*/
5    #include <stdio.h>
6    #include <stdlib.h>
7    #include<math.h>
8    int main()
9    {
10       int num1, num2, i;
```

```
11        int min;
12        printf("输入第一个数:");
13        scanf("%d", &num1);
14        printf("输入第二个数:");
15        scanf("%d", &num2);
16        min =(num1< num2 )? num1 : num2;
17        for (i = 1; i <= min ; ++i)
18        {
19            if (num1%i = = 0 && num2%i = = 0)
20            {
21                printf("%d    ", i);
22            }
23        }
24
25        return 0;
26    }
27
```

24. 从键盘输入数字 n，输出 n 行金字塔。用"*"搭建金字塔，图 7-1 是 n = 5 时的金字塔。

解答：如果用 n 表示金字塔的行数，i 表示当前行数，space 表示第 i 行输出空格的个数，k 表示输出"*"的个数。从图 7-1 中可以看出，金字塔输出的"*"和空格与行数的关系如下：

```
        *
      * * *
    * * * * *
  * * * * * * *
* * * * * * * * *
```

图 7-1 金字塔

行数 i	空格的个数 space	"*"的个数 k
1	4	1
2	3	3
3	2	5
4	1	7
5	0	9

对于第 i 行，则 space=n-i，k=2*i-1。即第 i 行需要输出的空格个数是 n-i 个，输出"*"的个数是 2*i-1。完整的程序代码如下：

```
1    /*===============================
2    *程序名称：xt4-24.c
3    *功能：输出 n 行金字塔
4    ===============================*/
5    #include <stdio.h>
6    #include <stdlib.h>
```

```
7    #include<math.h>
8    int main()
9    {
10       int i, space, n, k;
11
12       printf("输入行数: ");
13       scanf("%d", &n);
14
15       for(i=1; i<=n; i++)
16       {
17          //输出空格
18          for(space=1; space<=n-i; space++)
19          {
20             printf("  ");
21          }
22          //输出"*"
23          for(k=0; k<2*i-1; k++)
24          {
25             printf(" *");
26          }
27          printf("\n");
28       }
29
30       return 0;
31   }
32
```

25. 将 1~100 的数字以 10×10 矩阵格式输出，如图 7-2 所示。

```
1   11  21  31  41  51  61  71  81  91
2   12  22  32  42  52  62  72  82  92
3   13  23  33  43  53  63  73  83  93
4   14  24  34  44  54  64  74  84  94
5   15  25  35  45  55  65  75  85  95
6   16  26  36  46  56  66  76  86  96
7   17  27  37  47  57  67  77  87  97
8   18  28  38  48  58  68  78  88  98
9   19  29  39  49  59  69  79  89  99
10  20  30  40  50  60  70  80  90 100
```

图 7-2 10×10 数字矩阵

　　解答：数字有行有列，若用 i 表示行，j 表示列，则第一行 i = 1，j 从 1~91，每次加 10。第二行 i = 2，j 从 2~92，每次加 10，…，第 10 行 i = 10，j 从 10~100，每次加 10。完整的程序代码如下：

```
1   /*=============================
2   *程序名称：xt4-25.c
3   *功能：将 1~100 的数字以 10×10 矩阵格式输出
4   =============================*/
5   #include <stdio.h>
6   #include <stdlib.h>
7
8   int main()
9   {
10      int i, j;
11
12     for(i = 1; i <= 10; i++) {
13         for(j = i; j <=100; j += 10 )
14            printf(" %4d", j);
15
16         printf("\n");
17     }
18
19      return 0;
20  }
21
```

　　26. 五人分鱼。A、B、C、D、E 五人在某天夜里合伙去捕鱼，到第二天凌晨时都疲惫不堪，于是各自找地方睡觉。日上三竿，A 第一个醒来，他将鱼分为五份，把多余的一条鱼扔掉，拿走自己的一份。B 第二个醒来，也将鱼分为五份，把多余的一条鱼扔掉拿走自己的一份。C、D、E 依次醒来，也按同样的方法拿鱼。问他们合伙至少捕了多少条鱼？每个人醒来时见到了多少鱼？

　　解答：若总共捕鱼 n 条，则 A 看到的条数 a=n。B 看到的条数是 A 把鱼丢掉一条然后分成 5 份后拿走一份剩下的鱼，则 B 看到的条数 b=4*(a-1)/5; B 把鱼丢掉一条后均分成 5 份再拿走一份，C 醒来后看到的条数是 c=4*(b-1)/5; 同理，D 看到的条数为 d=4*(c-1)/5; E 看到的条数为 e=4*(d-1)/5。因为五个人把鱼分成 5 份后都剩余 1 条，所以 a、b、c、d、e 除以 5 后都余 1，n 的数值有很多个，要问他们合伙至少捕鱼的条数，也就是五个数除以 5 余数同时为 1 的最小的数。完整的程序代码如下：

```
1   /*=============================
2   *程序名称：xt4-26.c
3   *功能：五人分鱼
```

```
4       ===============================*/
5       #include <stdio.h>
6       #include <stdlib.h>
7
8       int main()
9       {
10          int n, a, b, c, d, e;
11          for(n=5; ; n++){
12              a=n;
13              b=4*(a-1)/5;
14              c=4*(b-1)/5;
15              d=4*(c-1)/5;
16              e=4*(d-1)/5;
17              if(a%5= =1&&b%5= =1&&c%5= =1&&d%5= =1&&e%5= =1){
18                  printf("至少合伙捕鱼：%d 条\n", n);
19                  printf("分别见到鱼的条数：%d, %d, %d, %d, %d\n", a, b, c, d, e);
20                  break;
21              }
22          }
23
24          return 0;
25      }
26
```

第8章　项目5习题解答

一、选择题

1. 若要定义一个具有5个元素的数组，以下定义错误的是(　　)。

A. int a[5]={0};　　　　　　　　　　B. int b[]={0, 0, 0, 0, 0};

C. int c[2+3];　　　　　　　　　　D. int i=5, d[i] ;

答案：D

解答：当定义数组时，必须确定数组长度。故选D。

2. 下列选项中，能正确定义数组的是(　　)。

A. int num[0…2012]　　　　　　　B. int num[];

C. int N=2012;　　　　　　　　　D. #define N 2012

　　int num[N];　　　　　　　　　　　int num[N];

答案：D

解答：当定义数组时，数组长度不能是变量。#define定义的是符号常量。故选D。

3. 设有 int a[4]={5, 3, 8, 9}数组，其中a[3]的值为(　　)。

A. 5　　　　　　B. 3　　　　　　C. 8　　　　　　　　D. 9

答案：D

解答：元素的下标是从0开始计算的。故选D。

4. 在数组中，数组名表示(　　)。

A. 数组第1个元素的首地址　　　B. 数组第2个元素的首地址

C. 数组所有元素的首地址　　　　D. 数组最后1个元素的首地址

答案：A

解答：数组名表示该数组中第一个元素的首地址。故选A。

5. 若有以下数组，则数值最小的和最大的元素下标分别是(　　)。

　　int a[12] ={1, 2, 3, 4, 5, 6, 7, 8, 9, 10, 11, 12};

A. 1, 12　　　　　B. 0, 11　　　　　C. 1, 11　　　　　　D. 0, 12

答案：B

解答：元素的下标是从0开始计算的。故选B。

6. 若有以下数组，则数值为 4 的表达式是(　　)。

　　int a[12] = {1, 2, 3, 4, 5, 6, 7, 8, 9, 10, 11, 12};　　char c='a', d, g ;

A. a[g-c]　　　　B. a[4]　　　　C. a['d'-'c']　　　　D. a['d'-c]

答案：D

解答：'d'-c 相当于'd'-'a'，即为3，a[3]=4。故选D。

7. 有以下程序：

```
1   #include <stdio.h>
2   int main()
3   {
4       int a[5]={1, 2, 3, 4, 5}, b[5]={0, 2, 1, 3, 0}, i, s=0;
5       for(i=0; i<5; i++)
6           s=s+a[b[i]];
7       printf("%d\n", s);
8
9       return 0;
10  }
11
```

程序运行后的输出结果是(   )。

A. 6   B. 10   C. 11   D. 15

答案：C

解答：在第一轮循环中，s=0+a[b[0]]=0+a[0]=1；在第二轮循环中，s=1+a[b[1]]=1+a[2]=4；在第三轮循环中，s=4+a[b[2]]=4+a[1]=6；在第四轮循环中，s=6+a[b[3]]=6+a[3]=10；在第五轮循环中，s=10+a[b[4]]=10+a[0]=11。故选 C。

8. 有以下程序：

```
1   #include <stdio.h>
2   int main()
3   {
4       int s[12]={1, 2, 3, 4, 4, 3, 2, 1, 1, 1, 2, 3}, c[5]={0}, i ;
5       for(i=0; i<12; i++)
6           c[s[i]]++;
7
8       for(i=1; i<5; i++)
9           printf("%d ", c[i]);
10
11      printf("\n");
12
13      return 0;
14  }
15
```

程序运行后的输出结果是(   )。

A. 1 2 3 4   B. 2 3 4 4   C. 4 3 3 2   D. 1 1 2 3

答案：C

解答：该程序的功能是分别统计数组 s 中 1、2、3、4 的个数。故选 C。

9. 下面程序中有错误的是(　　　)。

```
1    #include <stdio.h>
2    main()
3    {
4      float array[5]={0.0};          //第 A 行
5      int i;
6      for(i=0; i<5; i++)
7        scanf("%f", &array[i]);
8      for(i=1; i<5; i++)
9        array[0]=array[0]+array[i];//第 B 行
10     printf("%f\n", array[0]);        //第 C 行
11   }
12
```

A. 第 A 行　　　　　B. 第 B 行　　　　　C. 第 C 行　　　　　D. 无

答案：D

解答：该程序没有错误，故选 D。

10. 在 C 语言中，引用数组元素时，其数组下标允许的数据类型是(　　　)。

A. 整型常量　　　　　　　　　　B. 整型表达式

C. 整型常量或整型表达式　　　　D. 任何类型的表达式

答案：D

解答：当引用元素时，其下标可以是整型常量或整型表达式，也可以是逻辑表达式、关系表达式等。故选 D。

11. 若有 int a[10]的数组定义，则对数组元素 a 的正确引用是(　　　)。

A. a[10]　　　　　　B. a[3.5]　　　　　C. a(5)　　　　　D. a[10-10]

答案：D

解答：元素的下标必须小于数组长度，并且数组为整型数据。故选 D。

12. 以下能对一维数组 a 进行正确初始化的语句是(　　　)。

A. int a[10]=(0, 0, 0, 0, 0);　　　　　　B. int a[10]={0, 0};

C. int a[]={ };　　　　　　　　　　　　D. int a[10]= "10*1";

答案：B

解答：数组的初始化要使用花括号，C 选项中没有定义数组长度。故选 B。

13. 对以下语句的正确理解是(　　　)。

int a[10]={6, 7, 8, 9, 10};

A. 将 5 个初值依次赋给 a[1]～a[5]

B. 将 5 个初值依次赋给 a[0]～a[4]

C. 将 5 个初值依次赋给 a[6]～a[10]

D. 因为数组长度与初值的个数不相同，所以此语句不正确

答案：B

解答：只赋初值了前 5 个元素，后 5 个元素默认初值为 0。故选 B。

二、填空题

1. C 语言中，数组的各元素必须具有相同的_____，元素的下标上限为_____。但在程序执行过程中，不检查元素的下标是否_____。

答案：数据类型，元素个数减 1，超过范围

解答：数组中的元素必须为同一种数据类型。因为元素的下标是从 0 开始标记的，所以下标的上限为 N-1。在程序执行过程中不检查元素的下标是否超过范围。

2. C 语言中，数组在内存中占一片_____的存储区，由_____代表它的首地址。数组名是一个_____常量，不能对它进行赋值运算。

答案：连续，数组名，地址

解答：数组在内存中开辟的存储区是连续的。数组名代表数组存放的首地址，它是常量，不能对数组名进行赋值运算。

3. 有以下程序段，运行后的输出结果是_____。

```
#include <stdio.h>
int main()
{   int n[2], i, j;
    for(i=0; i<2; i++)
        n[i]=0;
    for(i=0; i<2; i++)
        for(j=0; j<2; j++)
            n[j]=n[i]+1;

    printf("%d", n[1]);
    return 0;
}
```

答案：3

解答：第一个 for 循环是赋初值的，即 n[0]=0, n[1]=0。第二个是双重 for 循环，一共执行 4 次，分别是：n[0]=n[0]+1，即 n[0]=1；n[1]=n[0]+1，即 n[1]=2；n[0]=n[1]+1，即 n[0]=3；n[1]=n[1]+1，即 n[1]=3。故输出结果是 3。

4. 下面程序的功能是输出数组 s 中最大元素的下标，请将程序填写完整。

```
#include <stdio.h>
int main()
{
    int k, p, s[]={1, -9, 7, 2, -10, 3};
    for(p=0, k=p; p<6; p++)
        if(s[p]>s[k])  _____
```

7	printf("%d\n ", k);
8	return 0;
9	}
10	

答案：k=p;

解答：当该程序满足 s[p]>s[k]的条件时，将 k 赋值给 p，即 k=p；的表达式，注意要书写分号。

5. 以下程序运行后的输出结果是_____。

1	#include <stdio.h>
2	int main()
3	{
4	int i, n[5]={0};
5	for(i=1; i<4; i++)
6	{
7	n[i]=n[i-1]*2+1;
8	printf("%d", n[i]);
9	}
10	printf("\n");
11	
12	return 0;
13	}
14	

答案：137

解答：将此程序循环运行三次，分别是：n[1]=n[0]*2+1，即 n[1]=1，然后输出 1；n[2]=n[1]*2+1，即 n[1]=3，然后输出 3；n[3]=n[2]*2+1，即 n[3]=7，然后输出 7。故输出结果是 137。

6. 以下程序以每行 10 个数据的形式输出数组 a，请将程序填写完整。

1	#include <stdio.h>
2	int main( )
3	{
4	int a[50], i;
5	printf("输入 50 个整数:");
6	for(i=0; i<50; i++)
7	scanf("%d", _____);
8	for(i=1; i<=50; i++)
9	{
10	if(_____) printf(" \n") ;
11	printf("%5d", _____);

12	}
13	
14	return 0;
15	}
16	

答案：&a[i]，i%10==1，a[i-1]

解答：第一处空白用于给数组元素分别赋值，注意要书写取址符&；第二处空白用于判断是否输出了 10 个元素，如果个数达到 10 个则输出换行符，注意此时 i 的循环是从 1 开始的，所以判断语句用的是 i%10==1；第三处空白填对应输出的元素，因为 i 是从 1～50 的循环，所以应该填 a[i-1]。

7. 阅读以下程序，写出运行结果＿＿＿＿＿＿＿＿＿。

1	#include <stdio.h>
2	int main( )
3	{
4	int a[6]={12, 4, 17, 25, 27, 16}, b[6]={27, 13, 4, 25, 23, 16}, i, j;
5	for(i=0; i<6; i++)
6	{
7	for(j=0; j<6; j++)
8	{
9	if(a[i]==b[j])
10	break;
11	}
12	if(j<6)
13	printf("%d ", a[i]);
14	}
15	printf("\n");
16	return 0;
17	}
18	

答案：4 25 27 16

解答：分别找出与 a[i]相同的元素，故输出结果为 4 25 27 16。

三、编程题

1. 定义一个数组，通过键盘输入大小不等的 9 个数，并输出最大的数。

解答：程序代码如下：

1	/*===
2	*程序名称：xt5-1.c
3	*功能：输入 9 个数，输出其中的最大值

```
4        ===================================================*/
5        #include <stdio.h>
6        #include <stdlib.h>
7        int main()
8        {
9            int a[9], i, max;
10           printf("输入 9 个整数:\n");
11           for(i=0; i<10; i++)
12               scanf( "%d", &a[i] );
13           max=a[0];
14           for(i=1; i<9; i++)
15               if(max<a[i]) max=a[i];
16           printf("最大值为：%d\n", max);
17           return 0;
18       }
19
```

2. 定义一个数组，通过键盘输入张三同学的语文、数学、英语和体育成绩，并输出张三的总分和平均分。

解答：程序代码如下：

```
1        /*==========================================
2        *程序名称：xt5-2.c
3        *功能：输入 4 个成绩，输出总分和平均分
4        ===================================================*/
5        #include <stdio.h>
6        #include <stdlib.h>
7        int main()
8        {
9            int a[4], i, sum=0;
10           float ave;
11           printf("输入 4 个成绩：");
12           for(i=0; i<4; i++)
13             { scanf( "%d", &a[i] );
14               sum+=a[i]; }
15            ave=sum/4;
16           printf("总分为：%d，平均分是：%.2f\n", sum, ave);
17           return 0;
18       }
19
```

3. 通过键盘输入 9 个数，利用冒泡排序法，按照从大到小的顺序排列输出。

解答：程序代码如下：

```
1   /*================================================
2   *程序名称: xt5-3.c
3   *功能: 输入 9 个数，利用冒泡法将其从大到小排序
4   ================================================*/
5   #include <stdio.h>
6   #include <stdlib.h>
7   int main()
8   {
9       int a[9], i, j, t;
10      printf("输入 9 个数: \n");
11      for(i=0; i<9; i++)
12        scanf( "%d", &a[i] );
13      for(i=0; i<8; i++)
14      for(j=0; j<8-i; j++)
15      {   if(a[j]<a[j+1])
16          { t=a[j]; a[j]=a[j+1]; a[j+1]=t;}
17      }
18      printf("从大到小排序是: \n");
19      for(i=0; i<9; i++)
20        printf("%d      ", a[i]);
21      return 0;
22  }
23
```

4. 通过键盘输入 9 个数，利用选择排序法，按照从大到小的顺序排列输出。

解答：程序代码如下：

```
1   /*================================================
2   *程序名称: xt5-4.c
3   *功能: 输入 9 个数，利用选择法将其从大到小排序
4   ================================================*/
5   #include <stdio.h>
6   #include <stdlib.h>
7   int main()
8   {
9       int select[9], i, j, k, t;
10      printf("输入 9 个数: \n");
11      for(i=0; i<9; i++)
```

12	scanf("%d", &select[i]);
13	
14	for(i=0;i<8;i++)
15	{
16	k=i;
17	//找到 select[i]到 select[8]之间最大数的下标，保存在 k 中
18	for(j=i+1; j<9; j++)
19	{
20	if(select[k]<select[j])
21	k=j;
22	}
23	//交换 select[i]和 select[k]，把最大的数放到 select[i]中
24	t=select[i]; select[i]=select[k]; select[k]=t;
25	}
26	
27	printf("从大到小排序是：\n");
28	for(i=0; i<9; i++)
29	printf("%d ", select[i]);
30	return 0;
31	}
32	

5. 将一个数组中的值按逆序重新存放。例如要求将原来的 8、6、5、4、1 改为 1、4、5、6、8。

解答：程序代码如下：

1	/*==
2	*程序名称：xt5-5.c
3	*功能：将一个数组中的值按逆序重新存放
4	==*/
5	#include <stdio.h>
6	#include <stdlib.h>
7	#define N 5
8	int main()
9	{
10	int a[N], i, t;
11	printf("输入%d 个数：\n", N);
12	for(i=0; i<N; i++)
13	scanf("%d", &a[i]);
14	for(i=0; i<N/2; i++)

15	{ t=a[i]; a[i]=a[N-1-i]; a[N-1-i]=t;
16	}
17	printf("\n 逆序输出：\n");
18	for(i=0; i<N; i++)
19	printf("%d　　", a[i]);
20	return 0;
21	}
22	

6. 公元前 3 世纪，古希腊天文学家埃拉托色尼发现了一种能够找出不大于 N 的所有素数的算法。为了应用这种算法，首先将 2～N 之间的所有整数写到一个表中。例如 N 为 20，则应写出以下列表：

2　3　4　5　6　7　8　9　10　11　12　13　14　15　16　17　18　19　20

然后把第一个元素画圈，表示发现一个素数，接下来依次检查后续元素，在每个画圈元素倍数的数上画×，表示该数不是素数。那么在执行完算法的第一步后，将得到素数 2，而所有 2 的倍数将全部被划掉，结果如下：

②　3　✕　5　✕　7　✕　9　✕　11　✕　13　✕　15　✕　17　✕　19　✕

接下来，只需要重复以上操作，把第一个既没有被画圈又没有画×的元素圈起来，然后把后续的是它倍数的数全部画×。在本例中，这次操作中将得到素数 3，而所有 3 的倍数都被划掉，于是得到以下列表：

②　③　✕　5　✕　7　✕　✕　11　✕　13　✕　✕　✕　17　✕　19　✕

最终，数组中所有的元素不是画圈的就是画×的，如下所示：

②　③　✕　⑤　✕　⑦　✕　✕　✕　⑪　✕　⑬　✕　✕　✕　⑰　✕　⑲　✕

可见，所有被圈起来的数均是素数，而所有画×的数均是合数。这种得到素数的方法称为埃拉托色尼筛选法。

编写一个程序，用埃拉托色尼筛选法产生 2～1000 之间的素数表。

解答：所谓画×，其实可以表示为把该元素的值变为 0，在处理完成后只要输出不为 0 的元素的值就可以。在该算法中，分别用 2、3、5…作为除数去除其整数倍的数，此除数只需要进行到 $\sqrt{1000}$ 的整数即可，程序中取值为 50。具体程序代码如下：

1	/*===
2	*程序名称：xt5-6-1.c
3	*功能：用埃拉托色尼筛选法产生 2～1000 之间的素数表
4	==*/
5	#include <stdio.h>
6	#include <stdlib.h>

```
7      int main()
8      {
9          int a[2000], i, j, n=0;
10         printf("2～2000 的素数表：\n");
11         for(i=0; i<2000; i++)
12             a[i]=i;
13         for(i=2; i<50; i++)
14          for(j=i+1; j<2000; j++)
15             if(a[j]%i= =0) a[j]=0;
16         for(i=2; i<2000; i++)
17         if(a[i]!=0)
18             {printf("%6d", a[i]);
19             n++; if(n%10= =0) printf("\n");}
20          return 0;
21     }
22
```

产生素数，还可以利用常规的算法，即判断从 2～x-1 都不能被 x 整除，则 x 为素数。具体程序代码如下：

```
1      /*============================================
2      *程序名称：xt5-6-2.c
3      *功能：产生 2～1000 之间的素数表
4      ============================================*/
5      #include <stdio.h>
6      #include <stdlib.h>
7      int main()
8      {
9          int x, i, n=0;
10         printf("2～2000 的素数表：\n");
11         for(x=2; x<2000; x++)
12         {
13             for(i=2; i<x; i++)
14             {
15                 if(x%i= =0)
16                     break;
17             }
18
19             if(i>=x)
20             {    printf("%6d", x);
```

21	n++;
22	if(n%10= =0) printf("\n");
23	}
24	}
25	
26	return 0;
27	}
28	

7. 由于各裁判打分时存在某些主观因素，因此在计算平均值时通常去掉一个最高分和一个最低分。编写一个程序，读入 7 个裁判所打的分数，去掉一个最高分和一个最低分，求剩余 5 个元素的平均值。

解答：程序代码如下：

1	/*===
2	*程序名称：xt5-7.c
3	*功能：去掉一个最高分和一个最低分，计算平均值
4	==*/
5	#include <stdio.h>
6	#include <stdlib.h>
7	int main()
8	{
9	int i, a[7], sum, max, min;
10	float ave;
11	for(i=0; i<7; i++)
12	{ printf("请输入第%d 个裁判的分数：", i+1);
13	scanf("%d", &a[i]);
14	}
15	sum=a[0]; max=a[0];min=a[0];
16	for(i=1; i<7; i++)
17	{
18	sum+=a[i];
19	if(max<a[i]) max=a[i];
20	if(min>a[i]) min=a[i];
21	}
22	ave=(sum-min-max)/5;
23	printf("\n 去掉一个最高分%d", max);
24	printf("\n 去掉一个最低分%d", min);
25	printf("\n 最后平均分是：%.1f\n", ave);

26	return 0;
27	}
28	

8. 将一个数组拆分为两个数组，一个为奇数数组，一个为偶数数组。

解答：假设原数组为 array[10]，偶数数组为 even[10]，奇数数组为 odd[10]。需要遍历数组 array[10]的每个数值，判断出其是偶数还是奇数，并分别存放在 even[10]和 odd[10]中。注意数组 even[10]和 odd[10]下标的变化规律，每次存放一个数到数组后，就把下标加 1。完整的程序代码如下：

1	/*==============================
2	*程序名称：xt5-8.c
3	*功能：将一个数组拆分为两个数组，
4	*　　　 一个为奇数数组，一个为偶数数组
5	==============================*/
6	#include <stdio.h>
7	#include <stdlib.h>
8	int main()
9	{
10	int array[10] = { 0, 1, 2, 3, 4, 5, 6, 7, 8, 9};
11	int even[10], odd[10];
12	int loop, e, d;
13	
14	e = d = 0;
15	
16	for(loop = 0; loop < 10; loop++)
17	{
18	if(array[loop]%2 = = 0)
19	{
20	even[e] = array[loop];
21	e++;
22	}
23	else
24	{
25	odd[d] = array[loop];
26	d++;
27	}
28	}
29	
30	printf(" 原始数组 -> ");

```
31
32       for(loop = 0; loop < 10; loop++)
33           printf(" %d", array[loop]);
34
35       printf("\n 偶数 -> ");
36       for(loop = 0; loop < e; loop++)
37           printf(" %d", even[loop]);
38
39       printf("\n 奇数 -> ");
40       for(loop = 0; loop < d; loop++)
41           printf(" %d", odd[loop]);
42
43       return 0;
44   }
45
```

9. 将奇数数组与偶数数组合并为一个数组。

解答：本题正好是第 8 题的反向操作，可以先把偶数数组的元素存放到数组中，然后再存放奇数数组元素，注意下标的变化。完整的程序代码如下：

```
1    /*==================================
2    *程序名称：xt5-9.c
3    *功能：将奇数数组与偶数数组
4    *       合并为一个数组
5    ==============================*/
6    #include <stdio.h>
7    #include <stdlib.h>
8
9    int main()
10   {
11       int array[10];
12       int even[5] = {0, 2, 4, 6, 8};
13       int odd[5]    = {1, 3, 5, 7, 9};
14       int loop, index, e_len, o_len;
15
16       e_len = o_len = 5;
17       index = 0;
18       for(loop = 0; loop < e_len; loop++)
19       {
20           array[index] = even[loop];
```

```
21                  index++;
22              }
23
24          for(loop = 0; loop < o_len; loop++)
25          {
26                  array[index] = odd[loop];
27                  index++;
28          }
29
30          printf("\n 偶数  -> ");
31          for(loop = 0; loop < e_len; loop++)
32              printf(" %d", even[loop]);
33
34          printf("\n 奇数   -> ");
35          for(loop = 0; loop < o_len; loop++)
36              printf(" %d", odd[loop]);
37
38          printf("\n 合并后 -> ");
39          for(loop = 0; loop < 10; loop++)
40              printf(" %d", array[loop]);
41
42          return 0;
43      }
44
```

10. 将一个数组复制给另外一个数组。

解答：将一个数组的值复制到另外一个数组中，需要两个数组的大小相同、数据类型相同，且数组的下标保持一致。完整的程序代码如下：

```
1       /*================================
2       *程序名称：xt5-10.c
3       *功能：将一个数组复制给另外一个数组
4       *
5       ==============================*/
6       #include <stdio.h>
7       #include <stdlib.h>
8       #include<math.h>
9       int main()
10      {
11          int original[10] ;
```

12	int copied[10];
13	int i;
14	printf("请输入数组 original 的值：\n");
15	for(i = 0; i < 10; i++)
16	{
17	printf("请输入第%d 个值：", i);
18	scanf("%d", &original[i]);
19	}
20	
21	for(i = 0; i < 10; i++)
22	{
23	copied[i] = original[i];
24	}
25	
26	printf("元素数组 -> 拷贝后的数组 \n");
27	for(i = 0; i < 10; i++)
28	{
29	printf(" %d %d\n", original[i], copied[i]);
30	}
31	return 0;
32	}
33	

11. 计算一组数的标准偏差。

解答：标准偏差(Std Dev, Standard Deviation)是一个统计学名词，是一种度量数据分布的分散程度的标准，用以衡量数据值偏离算术平均值的程度。标准偏差越小，这些值偏离平均值就越少，反之亦然。

标准偏差的大小可通过标准偏差与平均值的倍率关系来衡量。标准偏差的公式为

$$\sigma = \sqrt{\frac{1}{N}\sum_{i=1}^{N}(X_i - \mu)^2}$$

标准偏差的计算步骤如下：

(1) 求出每个样本数据减去总体全部数据的平均值。

(2) 把(1)所得的各个数值的平方相加。

(3) 把(2)的结果除以 N（"N"指总体数目）。

(4) 由(3)所得的数值的平方根就是总体的标准偏差。

完整的程序代码如下：

1	/*================================
2	*程序名称：xt5-11.c

```
3        *功能：计算一组数的标准偏差
4        ==================================*/
5        #include <stdio.h>
6        #include <stdlib.h>
7        #include<math.h>
8        #define Number 10
9        int main()
10       {
11           int i;
12           float data[Number];
13           float sum = 0.0, mean, standardDeviation = 0.0;
14
15           printf("输入%d 个元素:\n ", Number);
16           for(i=0; i < Number; i++)
17               scanf("%f", &data[i]);
18
19           for(i=0; i<Number; i++)
20           {
21               sum += data[i];
22           }
23
24           mean = sum/Number;
25
26           for(i=0; i<Number; ++i)
27               standardDeviation += (data[i] - mean)*(data[i] - mean);
28
29           standardDeviation=sqrt(standardDeviation/Number);
30           printf("\n 标准偏差 = %.6f", standardDeviation);
31           return 0;
32       }
33
```

12. 约瑟夫生者死者小游戏。30 个人在一条船上，超载，需要 15 人下船。于是人们排成一队，排队的位置即为他们的编号。然后开始报数，从 1 开始，数到 9 的人下船。如此循环，直到船上仅剩 15 人为止，问哪些编号的人下船了？

解答：这个约瑟夫生者死者游戏就是数数，从 1～9 开始数，数到 9 的人下船，数到了 30 号后从 1 号继续数，当有 15 个人下船后，游戏结束。数数情况如下所示，1～30 为 30 个人的编号，画×表示下船，而带底纹的数字表示下船的次序，9 号是第一个下船的，18 号是第二个下船的。

1	2	3	4	5	6	7	8	9	10
				×	×	×	×	×	
				14	4	7	12	1	

11	12	13	14	15	16	17	18	19	20
	×				×		×	×	
	10				5		2	8	

21	22	23	24	25	26	27	28	29	30
	×	×	×		×	×			×
	13	15	11		6	3			9

编写程序时，可以用一个数组保存 1～30 号的编号，用 count 变量表示 1～9 数数，用变量 number 计数下船的人数。若有人下船，则把数组的值清零，同时 number 的值加 1，count 的值清零。

程序代码如下：

```
1   /*==============================
2   *程序名称：xt5-12.c
3   *功能：约瑟夫生者死者小游戏
4   *
5   ==============================*/
6   #include <stdio.h>
7   #include <stdlib.h>
8
9   int main()
10  {
11      int i;
12      //count 进行 1～9 数数，number 保存了下船人数
13      int count, number;
14      int joseph[31];        //保存 30 个人的编号
15      //赋值，使用 joseph[1]～joseph[30]
16      //保存 1～30 编号
17      for(i=1; i<31; i++)
18          joseph[i]=i;
19
20      count=0; number=0;
21      while(number<15)
22      {
```

```
23              for(i=1; i<31; i++)
24              {
25                  if(joseph[i]!=0)          //数组值不是 0，计数加 1
26                      count++;
27                  if(count==9)              //找到一个下船的人
28                  {
29                      joseph[i]=0;          //下船的人值被清零
30                      count=0;              //计数值清零
31                      number++;             //下船人数加 1
32                      printf("%d 号已经下船了。\n", i);
33                  }
34              }
35          }
36
37      return 0;
38  }
39
```

13. 在数组中插入一个数。现有一个从小到大排好序的数组，从键盘上输入一个数插入数组中，使插入数据后的数组还是从小到大排序。

解答：把数插入排好序的数组中，插入数后需要把后面的数依次往后移动一个位置。比较特殊的是，如果从键盘上输入的数恰好比数组中所有的数都大，那么这个数直接放入最后一个位置就可以了。

完整的程序代码如下：

```
1   /*=================================
2   *程序名称：xt5-13-1.c
3   *功能：在排好序的数组中插入一个数
4   *
5   =================================*/
6   #include <stdio.h>
7   #include <stdlib.h>
8
9   int main()
10  {
11      int table[11]={2, 4, 9, 15, 18, 20, 23, 30, 35, 50};
12      int temp1, temp2, number, i, j;
13      printf("原始数组是:\n");
14      for(i=0; i<10; i++)
15          printf("%4d", table[i]);
```

```
16        printf("\n 插入一个新的数字: ");
17        scanf("%d", &number);
18
19        if(number>table[9])
20            table[10]=number;
21        else
22        {
23            for(i=0; i<10; i++)
24            {
25                if(table[i]>number)
26                {
27                    temp1=table[i];
28                    table[i]=number;
29                    for(j=i+1; j<11; j++)
30                    {
31                        temp2=table[j];
32                        table[j]=temp1;
33                        temp1=temp2;
34                    }
35                    break;
36                }
37            }
38        }
39        for(i=0; i<11; i++)
40            printf("%4d", table[i]);
41        printf("\n");
42
43        return 0;
44    }
45
```

　　上面这个程序的思想是从前往后找元素，找到后把数组元素逐个往后移动。若反过来想，从最后一个元素开始判断，若大于最后一个元素，则把数放在最后，否则，就把元素往后移动一个，然后继续判断下一个元素。这样由于最后一个元素的位置空着，只需要移动元素位置就可以了，而不用进行交换。

　　程序代码如下：

```
1    /*================================
2    *程序名称：xt5-13-2.c
3    *功能：在排好序的数组中插入一个数
```

```
4    *
5    ====================================*/
6    #include <stdio.h>
7    #include <stdlib.h>
8
9    int main()
10   {
11       int table[11]={2, 4, 9, 15, 18, 20, 23, 30, 35, 50};
12       int i;
13       int number;
14       printf("原始数组是:\n");
15       for(i=0; i<10; i++)
16           printf("%4d", table[i]);
17       printf("\n 插入一个新的数字: ");
18       scanf("%d", &number);
19
20           for(i=9; i>=0; i--)
21           {
22               if(number<table[i])
23               {
24                   table[i+1]=table[i];
25               }
26               else
27               {
28                   table[i+1]=number;break;
29               }
30           }
31
32       for(i=0; i<11; i++)
33           printf("%4d", table[i]);
34       printf("\n");
35
36       return 0;
37   }
38
```

14. 把两个数组合并。有两个数组 a 和 b，数组 a 有 5 个元素，数组 b 有 3 个元素。要求数组 b 在前面，数组 a 在后面，把这两个数组合并为一个数组。

解答: 假设数组 a 为 int a[5]={20, 5, 7, 96, 8}，数组 b 为 int b[3]={100, 4, 32}，把这两个

数组合并为 int c[8]，则数组 c 的元素排列为{100, 4, 32, 20, 5, 7, 96, 8}。数组合并情况如下：

	a[0]	a[1]	a[2]	a[3]	a[4]
a	20	5	7	96	8

	b[0]	b[1]	b[2]
b	100	4	32

	c[0]	c[1]	c[2]	c[3]	c[4]	c[5]	c[6]	c[7]
c	100	4	32	20	5	7	96	8

观察数组 c 与数组 a 元素的下标关系，可以得知 c[i+3]=a[i]，而 c[i]=b[i]，则用两个 for 循环分别把数组 a 和数组 b 的元素复制到数组 c 对应的位置上即可。程序代码如下：

```
1    /*==============================
2    *程序名称：xt5-14.c
3    *功能：把两个数组合并
4    *
5    ==============================*/
6    #include <stdio.h>
7    #include <stdlib.h>
8
9    int main()
10   {
11       int i;
12       int a[5]={20, 5, 7, 96, 8};
13       int b[3]={100, 4, 32};
14       int c[8];
15
16       for(i=0; i<3; i++)
17       {
18           c[i]=b[i];
19       }
20
21       for(i=0; i<5; i++)
22       {
23           c[i+3]=a[i];
24       }
25
26       printf("数组 a 的数据为\n");
```

27	for(i=0;i<5;i++)
28	{
29	printf("%4d ", a[i]);
30	}
31	printf("\n");
32	
33	printf("数组 b 的数据为\n");
34	for(i=0; i<3; i++)
35	{
36	printf("%4d ", b[i]);
37	}
38	printf("\n");
39	
40	printf("合并后的数值为：\n");
41	for(i=0; i<8; i++)
42	{
43	printf("%4d", c[i]);
44	}
45	return 0;
46	}

合并数组的问题可以描述得更具有通用性：把 m 个数放在 n 个数的前面，组成具有 m+n 个数的序列。请自己尝试写出这个更具有通用性的程序。

15. 有 n 个人围成一圈，顺序排号。从第一个人开始报数(从 1 到 3 报数)，凡报到 3 的人退出圈子，问最后留下的是原来第几号的那位。

解答：这个问题与"约瑟夫生者死者小游戏"的解题思路一样，不过人数为 n，报数为 1~3，需要 n−1 个人出圈，只留一个人。程序代码如下：

1	/*============================
2	*程序名称：xt5-15.c
3	*功能：报数出圈游戏
4	*
5	==============================*/
6	#include <stdio.h>
7	#include <stdlib.h>
8	
9	int main()
10	{
11	int i;
12	int n;//n 为人数

```
13        //count 进行 1～3 数数，number 保存出圈人数
14        int count, number;
15        int joseph[101];//保存 n 个人的编号，n 最大为 100
16
17        printf("请输入人数(1～100)： ");
18        scanf("%d", &n);
19
20        //赋值，使用 joseph[1]～joseph[n]
21        //保存 1～n 编号
22        for(i=1; i<=n; i++)
23            joseph[i]=i;
24
25        count=0; number=0;
26        while(number<n-1)
27        {
28            for(i=1; i<=n; i++)
29            {
30                if(joseph[i]!=0)          //数组值不是 0，计数加 1
31                    count++;
32                if(count= =3)             //找到一个出圈的人
33                {
34                    joseph[i]=0;          //出圈的人值被清零
35                    count=0;              //计数值清零
36                    number++;            //出圈人数加 1
37                }
38            }
39        }
40
41        for(i=1; i<=n; i++)
42        {
43            if(joseph[i]!=0)
44            {
45                printf("最后剩下%d 号。", i);
46                break;
47            }
48        }
49
50        return 0;
51    }
```

16. 某个公司采用公用电话传递数据，数据是 4 位整数，在传递过程中是加密的，加密规则如下： 每位数字都加上 5，然后用和除以 10 的余数代替该数字，再将第 1 位和第 4 位交换，第 2 位和第 3 位交换。

解答：对 4 位数的整数进行加密操作，首先需要把 4 位数的千位、百位、十位、个位数分别拆开，然后按照对应的规则进行处理。程序代码如下：

```
1   /*=================================
2   *程序名称：xt5-16.c
3   *功能：加密算法
4   *
5   ===============================*/
6   #include <stdio.h>
7   #include <stdlib.h>
8
9   int main()
10  {
11      int a, i, cipher[4], t;
12      printf("请输入 4 位数字：");
13      scanf("%d", &a);
14      cipher[0]=a/1000%10;//千位
15      cipher[1]=a/100%10;//百位
16      cipher[2]=a/10%10;//十位
17      cipher[3]=a/1%10;//个位
18      //每位数字都加上 5，然后用和除以 10 的余数代替该数字
19      for(i=0; i<4; i++)
20      {
21          cipher[i] += 5;
22          cipher[i] %= 10;
23      }
24      //将第 1 位和第 4 位交换
25      t=cipher[0]; cipher[0]=cipher[3]; cipher[3]=t;
26      //将第 2 位和第 3 位交换
27      t=cipher[1]; cipher[1]=cipher[2]; cipher[2]=t;
28
29      a=cipher[0]*1000+cipher[1]*100+cipher[2]*10+cipher[3];
30      printf("加密后的数字：%d", a);
31      printf("\n");
32
33      return 0;
34  }
```

第9章 项目6习题解答

一、选择题

1. 若有定义 int a[2][3]，下列选项中对数组元素引用正确的是(   )。

A. a[2][1]   B. a[2][3]   C. a[0][3]   D. a[1][1]

答案：D

解答：当二维数组元素被引用时，因为元素的下标是从 0 开始的，所以必须小于数组定义的长度。故选 D。

2. 有以下程序：

1	#include <stdio.h>
2	int main()
3	{
4	int b[3][3]={0, 1, 2, 0, 1, 2, 0, 1, 2}, i, j, t=1 ;
5	for(i=0; i<3; i++)
6	for(j=1; j<=1; j++)
7	t+=b[i][b[j][i]];
8	printf("%d\n", t);
9	return 0;
10	}

程序运行后的输出结果是(   )。

A. 1   B. 3   C. 4   D. 9

答案：C

解答：程序一共执行 3 次，第一次：t=1+ b[0][b[1][0]]=1+b[0][0]=1+0=1；第二次：t=1+b[1][b[1][1]]=1+b[1][1]=1+1=2；第三次：t=2+ b[2][b[1][2]]=2+b[1][2]=2+2=4。故选 C。

3. 若有定义 int a[3][6]，在内存中按顺序存放，若 a[0][0]是第一个元素，则数组 a 的第 10 个元素是(   )。

A. a[1][4]   B. a[1][3]   C. a[0][4]   D. a[0][3]

答案：B

解答：该数组每行有 6 个元素，共 3 行，第 10 个元素位于第二行第四列，但元素的下标是从 0 开始的。故选 B。

4. 合法的数组定义是(   )。

A. int a[3][ ]={0, 1, 2, 3, 4, 5};   B. int a[ ][3] ={0, 1, 2, 3, 4};

C. int a[2][3]={0, 1, 2, 3, 4, 5, 6};　　　　　　　　D. int a[2][3]={0, 1, 2, 3, 4, 5, };

答案：B

解答：当定义二维数组时，列号不能省略，但是行号可以省略，所以排除 A 选项。B 选项是正确的，列出了 5 个元素，C 语言程序会把省略的元素自动补为 0，第 0 行元素为 0、1、2，第一行元素为 3、4、0。C 选项中的元素多了一个，所以 C 选项错误。在 D 选项中，元素数虽为 6 个，但最后一个元素多个逗号，所以 D 选项错误。故选 B。

5. 数组定义为 int a[3][2]={1, 2, 3, 4, 5, 6}，值为 6 的数组元素是(　　)。

A. a[3][2]　　　　　B. a[2][1]　　　　　C. a[1][2]　　　　　D. a[2][3]

答案：B

解答：二维数组元素的行标和列标都是从 0 开始的。故选 B。

6. 以下对二维数组 a 的正确定义是(　　)。

A. int a[3][];　　　　　　　　　　　　　　B. float a(3, 4);

C. double a[1][4];　　　　　　　　　　　　D. float a(3)(4);

答案：C

解答：在定义二维数组时，列号不能缺省，故 A 选项错误。定义二维数组用的是方括号。B 选项是定义函数的格式。故选 C。

7. 若有说明：int a[3][4]，则对 a 数组元素的正确引用是(　　)。

A. a[2][4]　　　　B. a[1, 3]　　　　C. a[1+1][0]　　　　D. a(2)(1)

答案：C

解答：元素引用时的下标要小于定义时的行号和列号，故 A 选项错误。B、D 选项的写法错误。故选 C。

8. 若有说明：int a[3][4]，则对 a 数组元素的非法引用是(　　)。

A. a[0][2*1]　　　B. a[1][3]　　　C. a[4-2][0]　　　　D. a[0][4]

答案：D

解答：元素引用时的下标要小于定义时的行号和列号，只有 D 选项超过范围。故选 D。

9. 以下能对二维数组 a 进行正确初始化的语句是(　　)。

A. int a[2][]={{1, 0, 1}, {5, 2, 3}};　　　　B. int a[][3]={{1, 2, 3}, {4, 5, 6}};

C. int a[2][4]={{1, 2, 3}, {4, 5}, {6}};　　　D. int a[][3]={{1, 0, 1}, {}, {1, 1}};

答案：B

解答：在定义二维数组时，列号不能缺省。故选 B。

10. 以下不能对二维数组 a 进行正确初始化的语句是(　　)。

A. int a[2][3]={0};　　　　　　　　　　　　B. int a[][3]={{1, 2}, {0}};

C. int a[2][3]={{1, 2}, {3, 4}, {5, 6}};　　　D. int a[][3]={1, 2, 3, 4, 5, 6};

答案：C

解答：C 选项中的元素共有 3 行，超过定义的行数。故选 C。

11. 若有说明：int a[3][4]={0}，则下面叙述正确的是 (　　)。

A. 只有元素 a[0][0]可得到初值 0

B. 此数组定义不正确

C. 数组 a 中各元素都可得到初值，但其值不一定为 0

D. 数组 a 中各元素均可得到初值 0

答案：D

解答：该数组一共有 3 行，每行 4 列，每个元素的值都为 0。故选 D。

二、填空题

1. 下面程序的运行结果是：min=_____，m=_____，n=_____。

```
1    #include <stdio.h>
2    int main()
3    {
4        double array[4][3]={
5            {3.4, -5.6, 56.7},
6            {56.8, 999.0, -.0123},
7            {0.45, -5.77, 123.5},
8            {43.4, 0, 111.2}
9        };
10       int i, j;
11       double min;
12       int m, n;
13       min = array[0][0];
14       m=0;n=0;
15       for(i=0; i<3; i++)
16       for(j=0; j<4; j++)
17         if(min > array[i][j])
18         {
19            min = array[i][j];
20            m=i;n=j;
21         }
22       printf("min=%g, m=%d, n=%d\n", min, m, n);
23
24       return 0;
256  }
```

答案：−5.77，2，1

解答：该程序要找出数组元素中的最小值 min，并找出该元素对应的行号 m、对应的列号 n。故输出结果是 min=−5.77，m=2，n=1。

2. 下面程序的运行结果是_____。

```
1    #include <stdio.h>
2    int main()
3    {
```

```
4        int i, j;
5        int x[3][3];
6        for (i=0; i<3; i++)
7        {
8            for (j=0; j<3; j++)
9            {
10               if((i= =j) || (i+j= =2))
11                   x[i][j]=1;
12               else
13                   x[i][j]=0;
14           }
15       }
16
17       for (i=0; i<3; i++)
18       {
19           for (j=0;j<3;j++)
20               printf("%d", x[i][j]);
21           printf("\n");
22       }
23
24       return 0;
25   }
```

答案：101
　　　010
　　　101

解答：该程序中先对二维数组赋初值，在位置排布上满足 i==j 或 i+j=2 的元素都为 1，其余元素为 0，即第 0 行为 1、0、1，第 1 行为 0、1、0，第 2 行为 1、0、1。最后两个 for 循环是输出该数组的，需要注意的是，每行元素之间无空格。

3．下面程序的运行结果是＿＿＿＿＿＿＿。

```
1    #include <stdio.h>
2    int main()
3    {
4        int i, x[3][3]={1, 2, 3, 4, 5, 6, 7, 8, 9};
5        for(i=0; i<3; i++)
6            printf("%d", x[2-i][i]);
7        return 0;
8    }
```

答案：753

解答：该程序分别输出 x[2][0]、x[1][1]、x[0][2]，故输出结果是 753。

三、编程题

1. 输出以下图案：

```
*****
 *****
  *****
   *****
    *****
```

解答：程序代码如下：

```
1    /*=========================================
2    *程序名称：xt6-1.c
3    *功能：输出星形符号
4    =========================================*/
5    #include <stdio.h>
6    #include <stdlib.h>
7    int main()
8    {
9        int i, j;
10       for(i=0; i<5; i++)
11       { for(j=0; j<i; j++)
12               printf(" ");
13           printf("*****\n");
14       }
15       return 0;
16   }
```

2. 计算一个 3×3 的整型数据矩阵的对角线元素之和。

解答：程序代码如下：

```
1    /*=========================================
2    *程序名称：xt6-2.c
3    *功能：计算 3×3 的整型矩阵对角线元素之和
4    =========================================*/
5    #include <stdio.h>
6    #include <stdlib.h>
7    int main()
8    {
9        int a[3][3], i, j, sum=0;
10       printf("输入一个 3*3 的矩阵：\n");
```

```
11        for(i=0; i<3; i++)
12          for(j=0; j<3; j++)
13            scanf("%d", &a[i][j]);
14        for(i=0; i<3; i++)
15          sum+=a[i][i];
16        printf("对角线之和是%d\n", sum);
17         return 0;
18    }
19
```

3. 输出"魔方阵"。所谓"魔方阵"是指每一行、每一列和对角线之和均相等的方阵。例如，三阶魔方阵为

$$8 \quad 1 \quad 6$$
$$3 \quad 5 \quad 7$$
$$4 \quad 9 \quad 2$$

试输出 $1 \sim n^2$ 的自然数构成的魔方阵。

解答：魔方阵在古代又称为"纵横图"，是指组成元素为自然数 1，2，…，n^2 的 $n \times n$ 的方阵，其中每个元素值都不相等，但每行和每列以及主、副对角线上各 n 个元素之和都相等。

魔方阵(奇数阶)的排列规律：

(1) 将 1 放在第一行中间的一列。

(2) 从 2 开始直到 $n \times n$ 止，各数依次按规则存放：每一个数存放的行比前一个数的行数减 1，列数加 1。

(3) 如果上一个数的行数为 1，则下一个数的行数为 n，列数加 1；如果上一个数的列数为 n 时，则下一个数的列数为 1，行数减 1。

(4) 如果按(2)的规则，当确定的位置上已有数或上一个数是第一行的第 n 列时，则把下一个数放在上一个数的下面。

奇数阶魔方阵的程序代码如下：

```
1     /*=======================================
2     *程序名称：xt6-3.c
3     *功能：魔方阵(奇数阶)
4     =======================================*/
5     #include <stdio.h>
6     #include <stdlib.h>
7     int main()
8     {
9         int a[16][16], i, j, k, p, n;
10        p=1;
11        while(p==1)              /*要求阶数为 1～15 的奇数*/
```

```
12          {
13              printf("请输入阶数为 1~15 的奇数：");
14              scanf("%d", &n);
15              if((n!=0)&&(n<=15)&&(n%2!=0))
16                  p=0;
17          }
18
19      for(i=1; i<=n; i++)              /*初始化*/
20          for(j=1; j<=n; j++)
21              a[i][j]=0;
22
23      j=n/2+1;                         /*建立魔方阵*/
24      a[1][j]=1;
25      i=1;
26      for(k=2; k<=n*n; k++)
27      {
28          i=i-1;
29          j=j+1;
30          if((i<1)&&(j>n))            /*上一个数是第一行第 n 列时*/
31          {                           /*则把下一个数放在上一个数的下面*/
32              i=i+2;
33              j=j-1;
34          }
35          else                        /*上一个数的行数为 1 时, 则下一个数的行数为 n*/
36          {                           /*上一个数的列数为 n 时, 下一个数的列数为 1*/
37              if(i<1)
38                  i=n;
39              if(j>n)
40                  j=1;
41          }
42
43          if(a[i][j]==0)
44              a[i][j]=k;
45          else                        /*如果按上面的规则确定的位置上已有数, */
46          {                           /*则把下一个数放在上一个数的下面*/
47              i=i+2;
48              j=j-1;
49              a[i][j]=k;
50          }
```

51	}
52	for(i=1; i<=n; i++)　　　　/*输出魔方阵*/
53	{
54	printf("\n");
55	for(j=1; j<=n; j++)
56	printf("%5d", a[i][j]);
57	printf("\n");
58	}
59	return 0;
60	}

该程序的界面显示如图 9-1 所示。

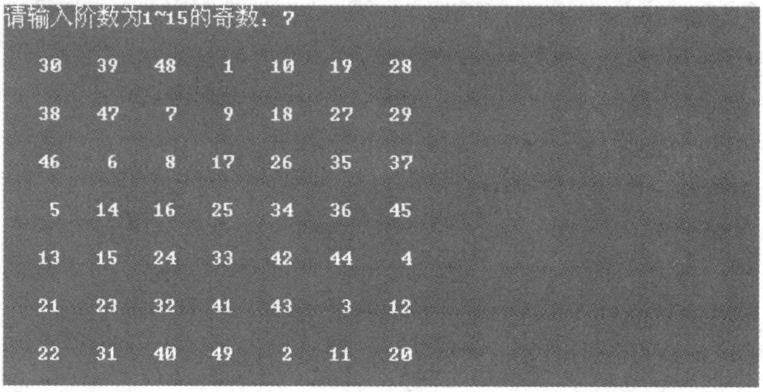

图　9-1

4. 找出一个二维数组中的鞍点,即该位置上的元素在该行上最大、在该列上最小。二维数组中也可能没有鞍点。

解答:程序代码如下:

1	/*===
2	*程序名称:xt6-4.c
3	*功能:找出一个二维数组中的鞍点
4	==*/
5	#include <stdio.h>
6	#include <stdlib.h>
7	#define M 3　　　　　　//定义矩阵的行数
8	#define N 4　　　　　　//定义矩阵的列数
9	int main()
10	{
11	int i, j, k, m, n, t, flag=0, a[M][N];
12	
13	printf("请输入%d 行%d 列的矩阵: \n", M, N);
14	for(i=0; i<M; i++)

```
15        for(j=0; j<N; j++)
16        {
17              printf("请输入第%d 行%d 列的数据：", i+1, j+1);
18              scanf("%d", &a[i][j]);
19        }
20
21      printf("输入的矩阵为：\n");
22      for(i=0; i<M; i++)
23      {
24          for(j=0;j<N;j++)
25          {
26              printf("%4d", a[i][j]);
27          }
28          printf("\n");
29
30      }
31
32      for(i=0; i<M; i++)
33      {
34          t=a[i][0];m=i;n=0;
35          for(j=1;j<N;j++)
36          if(t<a[i][j])
37          {
38              t=a[i][j];
39              n=j;
40          }
41
42          for(j=0, k=0; j<M; j++)
43              if(t<=a[j][n])
44                  k++;
45          if(k==M)
46              printf("鞍点元素是%d, 第%d 行, 第%d 列\n", t, m+1, n+1);
47          else flag++;
48      }
49
50      if(flag==M) printf("没有鞍点\n");
51
52      return 0;
53  }
```

5. 两个矩阵相加。通常，矩阵加法被定义在两个相同大小的矩阵。两个 m×n 矩阵 A 和 B 的和，记为 A+B，也是个 m×n 矩阵，各元素为其相对应元素之和。例如：

$$\begin{bmatrix} 1 & 3 \\ 1 & 0 \\ 1 & 2 \end{bmatrix} + \begin{bmatrix} 0 & 0 \\ 7 & 5 \\ 2 & 1 \end{bmatrix} = \begin{bmatrix} 1+0 & 3+0 \\ 1+7 & 0+5 \\ 1+2 & 2+1 \end{bmatrix} = \begin{bmatrix} 1 & 3 \\ 8 & 5 \\ 3 & 3 \end{bmatrix}$$

编程实现两个 m×n 矩阵相加。

解答：矩阵可以用二维数组存储。矩阵加法就是把两个相同的矩阵对应位置的元素相加，程序代码如下：

```
1    for(i=0;i<M;i++)
2        {
3            for(j=0;j<N;j++)
4            {
5                sum[i][j]=a[i][j]+b[i][j];
6            }
7        }
```

其中，M 和 N 对应二维数组的行数目和列数目。完整的程序代码如下：

```
1    /*===============================
2    *程序名称：xt6-5.c
3    *功能：矩阵加法运算
4    *
5    ===============================*/
6    #include <stdio.h>
7    #include <stdlib.h>
8    #define M    3
9    #define N    2
10   int main()
11   {
12       int i, j;
13       int a[M][N], b[M][N], sum[M][N];
14
15       printf("请输入第一个矩阵的值：\n");
16       for(i=0; i<M; i++)
17       {
18           for(j=0; j<N; j++)
19           {
20               printf("请输入第%d 行，%d 列数据：", i+1, j+1);
21               scanf("%d", &a[i][j]);
```

```
22              }
23          }
24          printf("请输入第二个矩阵的值：\n");
25          for(i=0; i<M; i++)
26          {
27              for(j=0; j<N; j++)
28              {
29                  printf("请输入第%d 行，%d 列数据：", i+1, j+1);
30                  scanf("%d", &b[i][j]);
31              }
32          }
33          //计算矩阵的和
34          for(i=0; i<M; i++)
35          {
36              for(j=0; j<N; j++)
37              {
38                  sum[i][j]=a[i][j]+b[i][j];
39              }
40          }
41
42          //输出矩阵
43          printf("第一个矩阵为：\n");
44          for(i=0; i<M; i++)
45          {
46              for(j=0; j<N; j++)
47              {
48                  printf("%4d", a[i][j]);
49              }
50              printf("\n");
51          }
52          printf("第二个矩阵为：\n");
53          for(i=0; i<M; i++)
54          {
55              for(j=0; j<N; j++)
56              {
57                  printf("%4d", b[i][j]);
58              }
59              printf("\n");
60          }
```

```
61        printf("和值矩阵为：\n");
62        for(i=0; i<M; i++)
63        {
64            for(j=0; j<N; j++)
65            {
66                printf("%4d", sum[i][j]);
67            }
68            printf("\n");
69        }
70        return 0;
71    }
72
```

6. 矩阵相乘。一般地，矩阵乘积只有在第一个矩阵的列数(column)和第二个矩阵的行数(row)相同时才有意义。设 A 为 $m \times p$ 的矩阵，B 为 $p \times n$ 的矩阵，那么称 $m \times n$ 的矩阵 C 为矩阵 A 与 B 的乘积，记作 C = AB，其中矩阵 C 中的第 i 行、第 j 列元素可以表示为

$$(AB)_{ij} = \sum_{k=1}^{p} a_{ik} b_{kj} = a_{i1}b_{1j} + a_{i2}b_{2j} + \cdots + a_{ip}b_{pj}$$

则各矩阵如下：

$$A = \begin{bmatrix} a_{11} & a_{12} & a_{13} \\ a_{21} & a_{22} & a_{23} \end{bmatrix}, \qquad B = \begin{bmatrix} b_{11} & b_{12} \\ b_{21} & b_{22} \\ b_{31} & b_{32} \end{bmatrix}$$

矩阵相乘的运算为

$$C = AB = \begin{bmatrix} a_{11}b_{11}+a_{12}b_{21}+a_{13}b_{31} & a_{11}b_{12}+a_{12}b_{22}+a_{13}b_{32} \\ a_{21}b_{11}+a_{22}b_{21}+a_{23}b_{31} & a_{21}b_{12}+a_{22}b_{22}+a_{23}b_{32} \end{bmatrix}$$

即乘积 C 的第 i 行、第 j 列的元素等于矩阵 A 第 i 行元素与矩阵 B 第 j 列对应元素乘积之和。编程使用二维数组实现两个矩阵相乘。

解答：矩阵乘法的计算规则稍微复杂一点，严格按照计算规则编写程序即可。矩阵乘法的程序代码如下：

```
1    for(i=0; i<M; i++)
2    {
3        for(j=0; j<N; j++)
4        {
5            sum[i][j]=0;
6            for(k=0; k<P; k++)
7            {
```

8	sum[i][j] += a[i][k]*b[k][j];
9	}
10	}
11	}

完整的程序代码如下：

```
/*================================
*程序名称：xt6-6.c
*功能：矩阵乘法运算
*
================================*/
#include <stdio.h>
#include <stdlib.h>
#define M   3
#define N   2
#define P   3
int main()
{
    int i, j, k;
    int a[M][P], b[P][N];
    int sum[M][N];

    printf("请输入第一个矩阵的值：\n");
    for(i=0; i<M; i++)
    {
        for(j=0;j<P;j++)
        {
            printf("请输入第%d 行，%d 列数据：", i+1, j+1);
            scanf("%d", &a[i][j]);
        }
    }
    printf("请输入第二个矩阵的值：\n");
    for(i=0; i<P; i++)
    {
        for(j=0;j<N;j++)
        {
            printf("请输入第%d 行，%d 列数据：", i+1, j+1);
            scanf("%d", &b[i][j]);
        }
```

```
34        }
35        //计算矩阵的乘法
36        for(i=0; i<M; i++)
37        {
38            for(j=0; j<N; j++)
39            {
40                sum[i][j]=0;
41                for(k=0; k<P; k++)
42                {
43                    sum[i][j] += a[i][k]*b[k][j];
44                }
45
46            }
47        }
48
49        //输出矩阵
50        printf("第一个矩阵为：\n");
51        for(i=0; i<M; i++)
52        {
53            for(j=0; j<P; j++)
54            {
55                printf("%4d", a[i][j]);
56            }
57            printf("\n");
58        }
59        printf("第二个矩阵为：\n");
60        for(i=0; i<P; i++)
61        {
62            for(j=0; j<N; j++)
63            {
64                printf("%4d", b[i][j]);
65            }
66            printf("\n");
67        }
68        printf("乘法矩阵为：\n");
69        for(i=0; i<M; i++)
70        {
71            for(j=0; j<N; j++)
72            {
```

73	printf("%4d", sum[i][j]);
74	}
75	printf("\n");
76	}
77	
78	return 0;
79	}
80	

7. 矩阵转置。矩阵转置是矩阵的一种运算，即把一个 m× n 矩阵每个元素的行号和列号互换，形成一个新的 n × m 矩阵。例如矩阵

$$A = \begin{bmatrix} 1 & 2 & 0 \\ 3 & -1 & 4 \end{bmatrix}$$

其转置矩阵为

$$A^T = \begin{bmatrix} 1 & 3 \\ 2 & -1 \\ 0 & 4 \end{bmatrix}$$

解答：矩阵转置就是把行和列互换：at[i][j]=a[j][i]。完整的程序代码如下：

1	/*===============================
2	*程序名称：xt6-7.c
3	*功能：矩阵转置
4	*
5	===============================*/
6	#include <stdio.h>
7	#include <stdlib.h>
8	#define M 3
9	#define N 2
10	
11	int main()
12	{
13	int i, j;
14	int a[M][N], at[N][M];
15	
16	
17	printf("请输入矩阵的值：\n");
18	for(i=0; i<M; i++)
19	{

```
20          for(j=0; j<N; j++)
21          {
22              printf("请输入第%d 行，%d 列数据：", i+1, j+1);
23              scanf("%d", &a[i][j]);
24          }
25      }
26
27      //计算矩阵的转置
28      for(i=0; i<N; i++)
29      {
30          for(j=0; j<M; j++)
31          {
32              at[i][j]=a[j][i];
33          }
34      }
35
36      //输出矩阵
37      printf("第一个矩阵为：\n");
38      for(i=0;i<M;i++)
39      {
40          for(j=0; j<N; j++)
41          {
42              printf("%4d", a[i][j]);
43          }
44          printf("\n");
45      }
46      printf("转置矩阵为：\n");
47      for(i=0; i<N; i++)
48      {
49          for(j=0; j<M; j++)
50          {
51              printf("%4d", at[i][j]);
52          }
53          printf("\n");
54      }
55
56      return 0;
57  }
```

第 10 章　项目 7 习题解答

一、选择题

1. 以下能正确判断字符型变量 k 的值是小写字母的表达式是(　　)。

A. k>=a || k<=z
B. k>='a' || k<='z'
C. k>="a" && k<="z"
D. k>='a' && || k<='z'

答案：D

解答：字符型数据存储的是其 ASCII 码值，若字符型数据参与运算，则把其 ASCII 码值进行了计算。如 'a'+2，首先取出字母 'a' 的 ASCII 码值 65，把 65 与 2 相加，得到的结果就是 67。在 ASCII 码表中，字母 'a'~'z' 是连续编码，若要判断字符型变量 k 的值是否为小写字母，即判断其 ASCII 码值是否在 'a'~'z' 之间。故选 D。

2. 已知 char a[ ]="abc"; 和 char b[4]={ 'a', 'b', 'c', 'd'}; 这两个数组，则下列描述正确的是(　　)。

A. 数组 a 和数组 b 完全相同
B. 数组 a 和数组 b 长度相等
C. 数组 a 的数组长度比数组 b 长
D. 数组 b 的数组长度比数组 a 长

答案：B

解答：数组 b 的数组长度是 4；数组 a 的长度省略，其长度取决于赋初值的长度。"abc" 是一个字符串，在 C 语言程序中，其会自动在字符串后面添加一个字符串结束标志 '\0'。字符串 "abc" 共占用了 4 个字节，其中 3 个为字母，一个为字符串结束标志 '\0'。故选 B。

3. 若程序中有以下的说明和定义，则会发生的情况是(　　)。

```
1  struct abc
2  {
3      int x;
4      char y;
5  }
6  struct abc s1, s2;
```

A. 程序编译时错
B. 程序能通过编译、链接、执行
C. 程序能通过编译、链接，但不能执行
D. 程序能通过编译，但链接出错

答案：A

解答：定义 struct 数据类型时需要以分号(;)结尾。如果没有分号，则会编译出错。故选 A。

4. 以下叙述中错误的是(　　)。

A. 可以通过 typedef 增加新的类型

B. 可以用 typedef 将已存在的类型用一个新的名字来代表

C. 用 typedef 定义新的类型名后，原有类型名仍有效

D. 用 typedef 可以为各种类型起别名，但不能为变量起别名

答案：A

解答：typedef 为一个已经存在的类型重新定义一个新的名字，而不是增加新的类型，但是其不能为变量起别名。故选 A。

5. 以下选项中不能正确把 cl 定义成结构体变量的是(　　)。

A. typedef struct
　　{int red;
　　　int green;
　　　int blue;
　　} COLOR;
　　COLOR cl;

B. struct color cl
　　{ int red;
　　　int green;
　　　int blue;
　　};

C. struct color
　　{ int red;
　　　int green;
　　　int blue;
　　}cl;

D. struct
　　{int red;
　　　int green;
　　　int blue;
　　}c1;

答案：B

解答：A、C、D 均可正确地定义结构体变量，但是 B 是一种错误的使用方式。故选 B。

6. 设有以下语句：

```
1    typedef    struct    S
2    {
3        int g;
4        char  h;
5    } T;
```

则下列叙述中正确的是(　　)。

A. 可用 S 定义结构体变量

B. 可用 T 定义结构体变量

C. S 是 struct 类型的变量

D. T 是 struct S 类型的变量

答案：B

解答：该题用 typedef 把结构体类型 S 重新定义了一个名称 T。此处 S 不是变量名，而是类型名。故选 B。

7. 以下对结构体变量 td 的定义中，错误的是(　　)。

A. typedef struct aa
　　{ int n;
　　　float m;
　　}AA;
　　AA td;

B. struct aa
　　{ int n;
　　　float m;
　　};
　　struct aa td;

C. struct
　　{ int n;
　　　float m;
　　}aa;
　　struct aa td;

D. struct
　　{ int n;
　　　float m;
　　}td;

答案：C

解答：C 选项定义的 aa 是一种结构体变量，而不是类型名，因此不能用 aa 重新定义结构体变量。故选 C。

8. 根据下面的定义，能打印出字母 M 的语句是(　　)。

1	struct person
2	{
3	char name[9];
4	int age;
5	};
6	struct person class[10]={"John", 17, "Paul", 19, "Mary", 18, "Adam", 16};
7	

A. printf("%c\n", class[3].name);　　　　B. printf("%c\n", class[3].name[1]);
C. printf("%c\n", class[2].name[1]);　　　D. printf("%c\n", class[2].name[0]);

答案：D

解答：定义结构体数组 class[10]，其初始化后的数据如图 10-1 所示。只有结构体数组元素 class[2]中的字符数组 name[9]的第 0 个元素才是字母 M，故选 D。

char name[9]	int age	
"John"	17	class[0]
"Paul"	19	class[1]
"Mary"	18	class[2]
"Adam"	16	class[3]
		class[4]
		class[5]

图　10-1

9. 下面程序的输出结果是(　　)。

1	#include<stdio.h>
2	int main()
3	{
4	struct cmplx
5	{
6	int x;

```
7          int y;
8      } cnum[2]={1, 3, 2, 7};
9
10     printf("%d\n", cnum[0].y /cnum[0].x * cnum[1].x);
11
12     return 0;
13 }
14
```

A. 0　　　　　　　　B. 1　　　　　　　　C. 3　　　　　　　　D. 6

答案：D

解答：数组 cunm 在赋初值后的情况如图 10-2 所示，因此输出结果是 cnum[0].y /cnum[0].x * cnum[1].x=3/1*2=6。故选 D。

int x	int y	
1	3	cnum[0]
2	7	cnum[1]

图　10-2

10. 有以下程序：

```
1  #include <stdio.h>
2  int main()
3  {
4      char s[]={"012xy"};
5      int i, n=0;
6      for(i=0; s[i]!=0; i++)
7          if(s[i]>='a'&&s[i]<='z')
8              n++;
9
10     printf("%d\n", n);
11
12     return 0;
13 }
14
```

程序运行后的输出结果是(　　)。

A. 0　　　　　　　　B. 2　　　　　　　　C. 3　　　　　　　　D. 5

答案：B

解答：在 for 语句中，循环结束的条件是 s[i] != 0，而字符串的结束标志 '\0' 的 ASCII 码值就是 0，因此循环结束条件相当于 s[i] != '\0'。if 的判断条件是数组 s 中有小写字母，则执行 n++ 语句。因为在数组 s 中，小写字母只有 2 个，也就是说，n++ 被执行了 2 次，所以 n 的数值是 2。故选 B。

11. 有以下程序：

```
1    #include <stdio.h>
2    int main()
3    {
4        char s[]="012xy%08s34f4w2";
5        int i, n=0;
6
7        for(i=0; s[i]!=0; i++)
8            if(s[i]>='0'&&s[i]<='9')
9                n++;
10
11       printf("%d\n", n);
12
13       return 0;
14   }
15
```

程序运行后的输出结果是(　　)。

A. 0　　　　　　　　　B. 9　　　　　　　　　C. 12　　　　　　　　D. 15

答案：B

解答：题目解释同第 10 题，不过此题判断的是数组 s 中的数字字符个数，则 n++ 语句被执行。因为在数组 s 中有 9 个数字字符，所以 n++ 执行了 9 次。故选 B。

12. 有以下程序：

```
1    #include <stdio.h>
2    int main()
3    {
4        char x[]="string";
5        x[0]=0;
6        x[1]='\0';
7        x[2]='0';
8        printf("%d, %d\n", sizeof(x), strlen(x));
9
10       return 0;
11   }
12
```

程序运行后的输出结果是(　　)。

A. 6, 1　　　　　B. 6, 0　　　　　C. 7, 1　　　　　D. 7, 0

答案：D

解答：因为数组 x 有 7 个元素，所以 sizeof(x)的值为 7。在执行语句 x[0]=0; 后，x[0] 的值为 0，此值也是字符串结束的标志 '\0'。strlen 函数的功能是判断字符串的有效长度，判断的方法是从第一个字符开始，直到遇到字符串结束的标志 '\0' 为止，统计一共有多少个字符。而 x[0]就是字符串结束的标志 '\0'，因此 strlen(x)的值为 0。故选 D。

13. 下列选项中，能够满足"若字符串 s1 等于字符串 s2，则执行 x=0"的语句是(　　)。

A. if(strcmp(s2, s1)= =0) x=0;　　　　　　　B. if(s1= =s2) x=0;

C. if(strcpy(s1, s2)= =1) x=0;　　　　　　　D. if(s1 − s2= =0) x = 0;

答案：A

解答：对于字符串的比较、复制等，只能用特定的函数，而不能用关系运算符和赋值运算符直接对字符串进行计算，因此 B 和 D 选项都是错误的。strcpy 是字符串复制函数，而 strcmp 是字符串比较函数，若两个字符串相等，则其数值为 0。故选 A。

14. 以下 4 个字符串函数中，(　　)所在的头文件与其他 3 个不同。

A. gets　　　　　　　　　　　　　　　B. strcpy

C. strlen　　　　　　　　　　　　　　　D. strcmp

答案：A

解答：由函数库可知，gets 函数在 stdio.h 库中，而其他的 3 个函数都在 string.h 库中。故选 A。

15. 设有定义：char s[12] = "string"，则 printf("%d\n", strlen(s)); 语句的输出结果是(　　)。

A. 6　　　　　　B. 7　　　　　　　　C. 11　　　　　　　　D. 12

答案：A

解答：strlen 函数得到的是字符串的有效长度，不包括字符串结束的标志。在数组 s 中，共有 6 个字符。故选 A。

16. 设有定义：char s[12] = "string"，则 printf("%d\n", sizeof(s)); 语句的输出结果是(　　)。

A. 6　　　　　　B. 7　　　　　　　　C. 11　　　　　　　　D. 12

答案：D

解答：sizeof(s)计算的是数组 s 占用的字节数，从定义可知，因为数组 s 是一个有 12 个元素的字符数组，所以其占的字节数是 12。故选 D。

17. 下列各语句定义的数组中，不正确的是(　　)。

A. char a[3][10]={"China", "American", "Asia"};

B. int x[2][2]={1, 2, 3, 4};

C. float x[2][ ]={1, 2, 4, 6, 8, 10};

D. int m[][3]={1, 2, 3, 4, 5, 6};

答案：C

解答：定义二维数组，其行标可以省略，但是列标不能省略。故选 C。

18. 若有以下说明和语句，则输出结果是(　　)。

(strlen(s)为求字符串 s 的长度的函数)

　　char s[12]="a book!";

```
printf("%d", strlen(s));
```

A. 12　　　　　　　　B. 8　　　　　　　　C. 7　　　　　　　　D. 11

答案：C

解答：在数组 s 中，共有 7 个字符，故选 C。

二、填空题

1. 以下程序用来输出结构体变量 ex 所占存储单元的字节数，请将程序填写完整。

```
1   struct   st
2   {
3       char    name[20];
4       double score;
5   };
6   int main()
7   {
8       struct   st   ex;
9       printf("ex size: %d\n", sizeof(_____));
10
11      return 0;
12  }
13
```

答案：ex

解答：若要看某个变量或者类型的存储单元的字节数，用 sizeof 关键字就可以了。该题是求结构体变量 ex 所占存储单元的字节数，则用 sizeof(ex)即可。若求结构体变量 st 的字节数，则需要用 sizeof(struct st)。

2. 下面程序的功能是将字符串 str 的内容颠倒过来，请将程序填写完整。

```
1   #include <stdio.h>
2   int main()
3   {
4       int i, j, k ;
5       char str[]={"1234567"};
6
7       for(i=0, _____; i<j; i++, j--)
8       {
9           k=str[i];
10          str[i]= str[j];
11          str[j]=k;
12      }
13      printf("%s", str);
```

14	return 0;
15	}
16	

　　答案：strlen(str)-1

　　解答：把字符串的内容颠倒过来，就是把第一个和最后一个字符、第二个和次后一个字符进行交换。在该程序中，i 在字符串的开始位置，j 在字符串的结束位置。每次把 str[i]和 str[j]交换后，i 往后移动一个位置，j 往前移动一个位置，然后继续交换，直到 i 和 j 相等。

　　3. 读懂下面的程序并填空。

1	#include <stdio.h>
2	int　main()
3	{
4	char str[80];
5	int i=0;
6	gets(str);
7	while(str[i]!=0)
8	{
9	if(str[i]>='a'&&str<='z')
10	str[i]-=32;
11	i++;
12	}
13	puts(str);
14	return 0;
15	}
16	

　　在程序运行时，如果输入 upcase，则屏幕显示＿＿＿＿＿＿＿＿。

　　在程序运行时，如果输入 Aa1Bb2Cc3，则屏幕显示＿＿＿＿＿＿＿＿。

　　答案：UPCASE，AA1BB2CC

　　解答：while 语句用于判断 str[i]是否是小写字母，如果是，则将其转换为大写字母。对于其他的字符则不做改变。

　　4. 阅读以下程序，分析该程序的功能。

1	#include <stdio.h>
2	#include <string.h>
3	int　main( )
4	{
5	char s[80];
6	int i ;
7	for(i=0; i<80; i++)

8	{
9	s[i]=getchar( );
10	if(s[i]=='\n') break;
11	}
12	s[i]='\0';　i=0;
13	while(s[i])
14	putchar(s[i++]);
15	
16	putchar('\n');
17	
18	return 0;
19	}
20	

答案：通过键盘输入一个字符串，并将其逐一输出。

5. 运行下列程序，输入 Fortran　Language　<enter>，则程序的输出结果为_____。

1	#include<stdio.h>
2	int main( )
3	{
4	char str[30];
5	scanf(“%s”, str);
6	printf(“%s”, str);
7	return 0;
8	}
9	

答案：Fortran

解答：当 scanf 函数以“%s”格式通过键盘输入一个字符串时，空格被当作字符串结束的位置。因此在运行程序时输入 Fortran Language，字符数组 str 就只能得到 Fortran，而 Language 被丢弃了。若使用 gets 函数，则可以得到完整的两个单词，即若程序修改为

```
gets(str);
printf("%s", str);
```
则输出结果是 Fortran　Language。

三、编程题

1. 编写一个程序，将两个字符串连接起来，要求不使用 strcat 函数。
解答：程序代码如下：

| 1 | /*============================ |
| 2 | *程序名称：xt7-1.c |

3	*功能：将两个字符串连接起来
4	=============================*/
5	#include <stdio.h>
6	#include <stdlib.h>
7	
8	int main()
9	{
10	char str1[80]; //字符数组 str1 要足够大，用来存放连接后的字符串
11	char str2[30];
12	int i, j;
13	printf("请输入第一个字符串:");
14	gets(str1);
15	printf("请输入第二个字符串:");
16	gets(str2);
17	i=0; //i 是 str1 的下标
18	while(str1[i]!='\0') //首先把 i 移动到 str1 的结尾位置
19	i++;
20	
21	j=0; //j 是 str2 的下标
22	while(str2[j]!='\0')
23	{
24	str1[i]=str2[j]; //把 str2 的字符移动到数组 str1 中
25	i++; //移动完每个字符后，下标均自增 1
26	j++;
27	}
28	str1[i]='\0'; //在数组 str1 最后加上字符串结束的标志
29	printf("把两个字符串连接后的结果是：%s\n", str1);
30	return 0;
31	}
32	

该程序运行结果如下：

```
请输入第一个字符串：Hello←
请输入第二个字符串：Kitty←
把两个字符串连接后的结果是：HelloKitty
```

从以上程序的运行结果可以看到，两个单词中间没有任何的间隔。

2. 编写一个程序，对两个字符串 s1 和 s2 进行比较，若 s1 > s2，则输出一个正数；若

s1 = s2，则输出 0；若 s1 < s2，则输出一个负数。要求不使用 strcmp 函数，输出的正数或者负数应该是相比较的两个字符串对应字符的 ASCII 码的差值。例如'a' < 'c'，应该输出一个负数，而两者的 ASCII 码值相差 2，所以应该输出 "–2"，而 "computer" 与 "compare" 比较，则由于第 4 个字母 "u" 比 "a" 大 20，所以应该输出 "20"。

解答：程序代码如下：

```
1    /*================================
2    *程序名称：xt7-2.c
3    *功能：两个字符串的比较
4    ================================*/
5    #include <stdio.h>
6    #include <stdlib.h>
7    #include<string.h>
8
9    int main()
10   {
11       char str1[30];
12       char str2[30];
13       int i;       //字符串的下标
14       int ascii;   //保存两个字符串的差值
15       printf("请输入第一个字符串:");
16       gets(str1);
17       printf("请输入第二个字符串:");
18       gets(str2);
19
20       i=0;       //字符串的下标赋初值
21
22       while((str1[i]==str2[i])&&(str1[i]!='\0')&&(str2[i]!='\0'))
23       { //若两个字符串对应的字符相等，并且两个字符串都没结束
24              i++; //则下标自增 1，比较下一个字符
25       }
26       if((str1[i]= ='\0')&&(str2[i]= ='\0'))
27           ascii=0;
28       else
29           ascii=str1[i]-str2[i];   //ASCII 码的差值就是不相等的字符差值
30       printf("两个字符串的差值是：%d", ascii);
31       return 0;
32   }
33
```

3. 编写一个程序,将字符数组 s2 中的全部字符复制到字符数组 s1 中,要求不使用 strcpy 函数,复制时,'\0' 也要复制过去,'\0'后面的字符不要复制。

解答:程序代码如下:

```
/*=================================
*程序名称:xt7-3.c
*功能:字符串复制
=================================*/
#include <stdio.h>
#include <stdlib.h>


int main()
{
    char s1[30];
    char s2[30];
    int i;          //字符串的下标

    printf("请输入字符串 s2:");
    gets(s2);

    for(i=0;s2[i]!='\0';i++)
    {
        s1[i]=s2[i];
    }
    s1[i]='\0';        //把字符串结束的标志赋值过来

    printf("s1: %s", s1);
    return 0;
}

```

4. 从键盘输入一个字母,判断其是元音还是辅音。

解答:英语有 26 个字母,元音只包括 a、e、i、o、u 这五个字母,其余的都为辅音。y 是半元音、半辅音字母,但在英语中都把它当作辅音。在进行判断时,注意大写和小写字母都需要判断。完整的程序代码如下:

```
/*=================================
*程序名称:xt7-5.c
*功能:判断输入的字母是元音还是辅音
*
```

```
5    ==============================*/
6    #include <stdio.h>
7    #include <stdlib.h>
8    #include<string.h>
9    int main()
10   {
11       char c;
12       int isLowVowel, isUpVowel;
13
14       printf("输入一个字母: ");
15       scanf("%c", &c);
16       getchar();
17       //若输入的不是字母，重新输入
18       while(!((c>='a'&&c<='z')||(c>='A'&&c<='Z')))
19       {
20           printf("输入的不是字母，请重新输入: ");
21           scanf("%c", &c);
22           getchar();
23       }
24
25       // 小写字母元音
26       isLowVowel = (c == 'a' || c == 'e' || c == 'i' || c == 'o' || c == 'u');
27
28       // 大写字母元音
29       isUpVowel = (c == 'A' || c == 'E' || c == 'I' || c == 'O' || c == 'U');
30
31       // if 语句判断
32       if (isLowVowel || isUpVowel)
33           printf("%c   是元音", c);
34       else
35           printf("%c   是辅音", c);
36
37       return 0;
38   }
39
```

5. 计算字符串的长度，不使用 strlen 函数。

解答：因为字符串在保存时以字符串结束标志 '\0' 作为结束符，所以可以用一个空的 for 循环判断每个元素的值，若元素的值是 '\0' 就结束，这时 i 的值就是字符串的长度。程

序代码如下：

```
1     /*================================
2     *程序名称：xt7-5.c
3     *功能：计算字符串的长度
4     *
5     ================================*/
6     #include <stdio.h>
7     #include <stdlib.h>
8     #include<string.h>
9
10    #define N    40
11    int main()
12    {
13        int i;
14        int n;
15        char from[N];
16
17        printf("请输入字符串：");
18        gets(from);
19
20        //判断输入的 from 字符串有多少个字符
21        for(i=0; from[i]!='\0'; i++)
22            ;
23        n=i;
24
25        printf("字符串%s 的长度为%d\n", from, n);
26
27        return 0;
28    }
29
```

6. 字符串翻转，把一个字符串逆序输出。

解答：因为字符串是从键盘输入的，不能预先获知字符串元素的个数，所以要先求出字符串元素的个数，然后再把字符串逆序复制到另一个字符数组中。程序代码如下：

```
1     /*================================
2     *程序名称：xt7-6-1.c
3     *功能：把一个字符串逆序输出
4     *
5     ================================*/
```

```
6     #include <stdio.h>
7     #include <stdlib.h>
8     #include<string.h>
9
10    #define N    40
11    int main()
12    {
13        int i;
14        int n;
15        char from[N];
16        char to[N];
17        printf("请输入字符串：");
18        gets(from);
19
20        //判断输入的 form 字符串有多少个字符
21        for(i=0; from[i]!='\0'; i++)
22            ;
23        n=i;
24
25        for(i=0; i<n; i++)
26        {
27            to[i]=from[n-1-i];
28        }
29        to[i]='\n';
30
31        puts("字符串逆序输出为：");
32        puts(to);
33
34        return 0;
35    }
36
```

　　字符串的翻转也可以用递归函数实现。函数的概念和递归函数的使用参见项目 8。程序代码如下：

```
1     /*================================
2     *程序名称：xt7-6-2.c
3     *功能：把一个字符串逆序输出
4     *       使用递归函数实现
5     ================================*/
```

```
6    #include <stdio.h>
7    #include <stdlib.h>
8
9    void    reverseSentence();
10   int main()
11   {
12       printf("输入一个字符串: ");
13       reverseSentence();
14
15       return 0;
16   }
17
18   void reverseSentence()
19   {
20       char c;
21       scanf("%c", &c);
22
23       if( c != '\n')
24       {
25           reverseSentence();
26           printf("%c", c);
27       }
28   }
29
```

　　7. 查找字符在字符串中出现的次数。

　　解答：首先从键盘输入一个字符串，然后输入一个字符，将该字符串中的元素逐个与输入的字符作比较，两者相等就把个数加 1 。程序代码如下：

```
1    /*================================
2    *程序名称：xt7-7.c
3    *功能：查找字符在字符串中出现的次数
4    *
5    ===============================*/
6    #include <stdio.h>
7    #include <stdlib.h>
8    #define N 50
9    int main()
10   {
11       char str[N], ch;
```

12	int i, frequency ;
13	
14	printf("输入字符串: ");
15	gets(str);
16	
17	printf("输入要查找的字符: ");
18	scanf("%c", &ch);
19	getchar();
20	frequency = 0;
21	for(i = 0; str[i] != '\0'; i++)
22	{
23	if(ch == str[i])
24	frequency++;
25	}
26	
27	printf("字符 %c 在字符串中出现的次数为 %d", ch, frequency);
28	
29	return 0;
30	}
31	

8. 字符串排序。从键盘输入 10 个单词，按照字典的顺序对这些单词进行排序。

解答：10 个单词可以用二维字符数组保存，排序使用冒泡发排序即可。完整的程序代码如下：

1	/*================================
2	*程序名称：xt7-8.c
3	*功能：10 个单词按照字典的顺序排序
4	*
5	================================*/
6	#include <stdio.h>
7	#include <stdlib.h>
8	#include<string.h>
9	int main()
10	{
11	int i, j;
12	char str[10][50], temp[50];
13	
14	printf("输入 10 个单词:\n");
15	

```
16          for(i=0; i<10; i++) {
17              scanf("%s", str[i]);
18          }
19
20
21          for(i=0; i<9; i++)
22          {
23              for(j=i+1; j<10 ; j++)
24              {
25                  if(strcmp(str[i], str[j])>0)
26                  {
27                      strcpy(temp, str[i]);
28                      strcpy(str[i], str[j]);
29                      strcpy(str[j], temp);
30                  }
31              }
32          }
33
34          printf("\n 排序后: \n");
35          for(i=0; i<10; ++i)
36          {
37              puts(str[i]);
38          }
39
40          return 0;
41      }
42
```

9. 使用结构体(struct)将两个复数相加。

解答：复数包含实部和虚部，需要先设一个结构体，结构体有两个成员：float real 和 float imag，分别存储实部和虚部。复数和值把两个数的实部和虚部分别相加即可。完整的程序代码如下：

```
1   /*================================
2   *程序名称：xt7-9.c
3   *功能：使用结构体将两个复数相加
4   *
5   ================================*/
6   #include <stdio.h>
```

```
7    #include <stdlib.h>
8    struct complex
9    {
10       float real;
11       float imag;
12   };
13   int main()
14   {
15       struct complex n1, n2, sum;
16       printf("第一个复数  \n");
17       printf("输入实部:");
18       scanf("%f", &n1.real);
19       printf("输入虚部:");
20       scanf("%f", &n1.imag);
21
22       printf("\n 第二个复数  \n");
23       printf("输入实部:");
24       scanf("%f", &n2.real);
25       printf("输入虚部:");
26       scanf("%f", &n2.imag);
27
28       sum.real = n1.real + n2.real;
29       sum.imag = n1.imag + n2.imag;
30       printf("Sum = %.1f + %.1fi", sum.real, sum.imag);
31
32       return 0;
33   }
34
```

10. 删除字符串中除字母以外的字符。

解答：删除字符串 from 中的特定字符，新建一个字符数组 to，把字符串 from 扫描一遍，把 from 中所有的字母字符都复制到字符数组 to 中。完整的程序代码如下：

```
1    /*===============================
2    *程序名称：xt7-10.c
3    *功能：删除字符串中除字母以外的字符
4    *
5    ===============================*/
6    #include <stdio.h>
```

```
7    #include <stdlib.h>

8

9    int main()

10   {

11       int i, j;

12       char from[50], to[50];

13       printf("请输入一个字符串：");

14       gets(from);

15

16       for(i=0, j=0; from[i]!='\0'; i++)

17       {

18           if((from[i] >= 'a' && from[i] <= 'z') || (from[i] >= 'A' && from[i] <= 'Z')   )

19           {

20               to[j]=from[i];

21               j++;

22           }

23       }

24       to[j]='\0';          //要在 to 字符串最后加字符串结束的标志

25

26       printf("删除其他字符后的字符串为：\n");

27       puts(to);

28       return 0;

29   }

30
```

类似的练习如下：

(1) 删除字符串中的大写字母。

(2) 把字符串中的小写字母全部变成大写字母。

11. 计算两个时间段的差值。

解答：要计算两个时间段的差值，可以定义一个结构体，保存时间的时、分、秒，在计算差值时对时、分、秒分别进行计算。注意：计算时需要考虑不够减的情况。若秒数不够减，则把分钟数减 1，秒数加 60；若分钟数不够减，把小时数的值减 1，分钟数加 60。完整的程序代码如下：

```
1    /*=================================

2    *程序名称：xt7-11.c

3    *功能：计算两个时间段的差值

4    *

5    ================================*/
```

```
6    #include <stdio.h>
7    #include <stdlib.h>
8    struct TIME
9    {
10     int seconds;
11     int minutes;
12     int hours;
13   };
14   int main()
15   {
16       struct TIME startTime, stopTime, diff;
17       int hours, minutes, seconds;
18       printf("\n 输入开始时间: \n");
19       printf("输入小时：");
20       scanf("%d", &startTime.hours);
21       printf("输入分钟：");
22       scanf("%d",   &startTime.minutes);
23       printf("输入秒：");
24       scanf("%d", &startTime.seconds);
25
26       printf("\n 输入停止时间: \n");
27       printf("输入小时: ");
28       scanf("%d", &stopTime.hours);
29       printf("输入分钟: ");
30       scanf("%d",   &stopTime.minutes);
31       printf("输入秒: ");
32       scanf("%d", &stopTime.seconds);
33
34       hours = stopTime.hours;
35       minutes = stopTime.minutes;
36       seconds = stopTime.seconds;
37
38       if(seconds < startTime.seconds)
39       {
40           minutes--;
41           seconds += 60;
42       }
43
```

```
44          if(minutes < startTime.minutes)
45          {
46              hours--;
47              minutes += 60;
48          }
49
50          diff.seconds = seconds - startTime.seconds;
51          diff.minutes = minutes - startTime.minutes;
52          diff.hours = hours - startTime.hours;
53
54          printf("\n 差值: %d:%d:%d - ", stopTime.hours, stopTime.minutes, stopTime.seconds);
55          printf("%d:%d:%d ", startTime.hours, startTime.minutes, startTime.seconds);
56          printf("= %d:%d:%d\n", diff.hours, diff.minutes, diff.seconds);
57
58          return 0;
59      }
60
```

12. 输入一行字符，分别统计出其中英文字母、空格、数字和其他字符的个数。

解答：统计字符的个数，可以用 getchar()函数依次获取字符串中的字符，然后对字符进行判断。

```
1       /*==============================
2       *程序名称：xt7-12.c
3       *功能：统计字符个数
4       *
5       ==============================*/
6       #include <stdio.h>
7       #include <stdlib.h>
8
9       int main()
10      {
11          char ch;
12          int alpha, num, space, others;
13          alpha = num = space = others = 0;
14          printf("请输入一行字符: \n");
15          while((ch = getchar()) != '\n')
16          {
17              if((ch >= 'a' && ch <= 'z')||(ch >='A' && ch <='Z'))
```

```
18                alpha++;
19            else if(ch >= '0' && ch <= '9')
20                num++;
21            else if(ch == ' ')
22                space++;
23            else
24                others++;
25        }
26        printf("字母=%d, 数字=%d, 空格=%d, 其他=%d", alpha, num, space, others);
27
28        return 0;
29   }
30
```

13. 删除一个字符串中的指定字母。

解答：删除一个字符串 str 中的指定字母 ch，设置两个下标 n 和 i，n 代表跟 ch 相同的字符的位置。最初 n=i=0，接着开始比较 str[i]是否跟指定的字母 ch 相同，如果相同，当前的字符是需要删除的字符，n 不做任何变化，i 自增 1，继续判断下一个字符。如果不相同，则把 str[i]的字符移动到 str[n]的位置，同时 n 自增 1。这样，依次进行下去，直到最后一个字符。n 指示出保留字符所在的位置，移动一个非 ch 的字符过来后，n 自增 1，表示已经找到一个保留的字符。完整的程序代码如下：

```
1    /*===============================
2    *程序名称：xt7-13-1.c
3    *功能：删除一个字符串中的指定字母
4    *
5    ===============================*/
6    #include <stdio.h>
7    #include <stdlib.h>
8    int main()
9    {
10       char str[100], ch;
11       int i, n;
12       printf("请输入字符串:");
13       gets(str);
14       printf("请输入要删除的字符:");
15       scanf("%c", &ch);
16       n=0;
17       for(i=0; str[i]!='\0'; i++)
```

```
18        {
19            if(str[i]!=ch)
20            {
21                str[n]=str[i];
22                n++;
23            }
24        }
25
26        str[n]='\0';
27
28        printf("结果为%s\n", str);
29        return 0;
30    }
31
```

当然，这个程序还可以新建一个字符数组 str2，把字符数组 str1 中不是 ch 字符的其他字符都复制到 str2 中。程序代码如下：

```
1    /*================================
2    *程序名称: xt7-13-2.c
3    *功能：删除一个字符串中的指定字母
4    *
5    ================================*/
6    #include <stdio.h>
7    #include <stdlib.h>
8    int main()
9    {
10       char str[100], str2[100], ch;
11       int i, n;
12       printf("请输入字符串:");
13       gets(str);
14       printf("请输入要删除的字符:");
15       scanf("%c", &ch);
16       ;
17
18       for(i=0, n=0; str[i]!='\0'; i++)
19       {
20            if(str[i]!=ch)
21            {
```

```
22              str2[n]=str[i];
23              n++;
24          }
25      }
26      str2[n]='\0';
27
28      printf("结果为%s\n", str2);
29      return 0;
30  }
31
```

第 11 章　项目 8 习题解答

一、选择题

1. 一个完整的 C 语言的源程序是(　　)。

A. 由一个主函数或一个以上的非主函数构成

B. 由一个且仅由一个主函数和零个以上的非主函数构成

C. 由一个主函数和一个以上的非主函数构成

D. 由一个且只有一个主函数和多个非主函数构成

答案：B

解答：在 C 语言程序中，main 函数只能有一个。但是其他的函数可以有，也可以没有；可以有多个，也可以只有一个。故选 B。

2. 以下关于函数的叙述中正确的是(　　)。

A. C 语言程序将从源程序中的第一个函数开始执行

B. 可以在 C 语言程序中由用户指定任意一个函数作为主函数，程序将从此开始执行

C. C 语言规定必须用 main 作为主函数名，程序将从此开始执行且在此结束

D. main 可作为用户标识符，用以定义任意一个函数

答案：C

解答：C 语言程序在执行时，无论 main 函数在程序中的什么位置，都是从 main 函数开始且在 main 函数中结束的。故选 C。

3. 以下关于函数的叙述，不正确的是(　　)。

A. C 语言程序是函数的集合，包括标准库函数和用户自定义函数

B. 在 C 语言程序中，被调用的函数必须在 main 函数中定义

C. 在 C 语言程序中，函数的定义不能嵌套

D. 在 C 语言程序中，函数的调用可以嵌套

答案：B

解答：因为函数不能嵌套定义，所以在 main 函数中无法定义一个函数，B 选项是错误的。A、C、D 选项介绍的都是函数的一些特点，都是正确的。故选 B。

4. 在一个 C 语言程序中，(　　)。

A. main 函数必须出现在所有函数之前

B. main 函数可以在程序中的任何地方出现

C. main 函数必须出现在所有函数之后

D. main 函数必须出现在固定位置

答案：B

解答：main 函数可以在程序中的任何位置出现。故选 B。

5. 若在 C 语言中未说明函数的类型，则系统默认该函数的数据类型是(　　)。

A. float　　　　　　　　B. long　　　　　　　　C. int　　　　　　　　D. double

答案：C

解答：若没有写明函数类型，则默认是 int 类型。故选 C。

6. 以下关于函数的叙述，错误的是(　　)。

A. 函数未被调用时，系统将不为形参分配内存单元

B. 实参与形参的个数应相等，且实参与形参的类型必须对应一致

C. 当形参是变量时，实参可以是常量、变量或表达式

D. 形参可以是常量、变量或表达式

答案：D

解答：形参只有在函数被调用时才会分配内存单元，而在进行参数传递时，实参和形参的类型必须对应一致，若不一致，C 语言的编译器会把实参的类型自动转换为形参的数据类型。实参可以是常量、变量或表达式，但是形参必须是变量，用来接收实参传递过来的数值。故选 D。

7. 若函数调用时的参数为基本数据类型的变量，则以下叙述正确的是(　　)。

A. 实参与其对应的形参共占存储单元

B. 只有当实参与其对应的形参同名时才共占存储单元

C. 实参与对应的形参分别占用不同的存储单元

D. 实参将数据传递给形参后，立即释放原先占用的存储单元

答案：C

解答：在调用函数时，实参和形参分别占用不同的存储单元。当函数运行完毕时，形参所占用的存储单元会被释放。在实参将数据传递给形参后，其占用的存储单元依旧没有释放，只有当主函数运行完毕，才会释放实参占用的存储单元。故选 C。

8. 函数调用时，当实参和形参都是简单变量时，它们之间数据传递的过程是(　　)。

A. 实参将其地址传递给形参，并释放原先占用的存储单元

B. 实参将其地址传递给形参，调用结束时形参再将其地址回传给实参

C. 实参将其值传递给形参，调用结束时形参再将其值回传给实参

D. 实参将其值传递给形参，调用结束时形参并不将其值回传给实参

答案：D

解答：在进行参数传递时，实参和形参是值的传递，而且只能由实参传递给形参，而不能反向传递。故选 D。

9. 若函数调用时的实参为变量，以下关于函数形参和实参的叙述正确的是(　　)。

A. 函数的实参和其对应的形参共占同一存储单元

B. 形参只是形式上的存在，不占用具体存储单元

C. 同名的实参和形参占用同一存储单元

D. 函数的形参和实参分别占用不同的存储单元

答案：D

解答：在调用函数时，实参和形参分别占用不同的存储单元，即使实参和形参名称相

同，它们也不会占用同一个存储单元，不会冲突。故选 D。

10. 若用数组名作为函数调用的实参，则传递给形参的是(   )。

A. 数组的首地址   B. 数组的第一个元素的值

C. 数组中全部元素的值   D. 数组元素的个数

案：A

解答：因为数组名代表了数组首地址，所以如果用数组名作为函数参数，则其传递了数组的首地址。形参是作为指针来使用的，接收了实参数组的地址。故选 A。

11. 如果一个函数位于 C 语言程序文件的上部，在该函数体内说明语句后的复合语句中定义了一个变量，则该变量(   )。

A. 为全局变量，在本程序文件范围内有效

B. 为局部变量，只在该函数内有效

C. 为局部变量，只在该复合语句中有效

D. 定义无效，为非法变量

答案：C

解答：若在复合语句中定义了变量，则该变量是局部变量，只能在该复合语句中有效。故选 C。

12. 在 C 语言中，函数返回值的类型是由(   )决定的。

A. return 语句中的表达式类型

B. 调用函数的主调函数类型

C. 调用函数时临时指定的类型

D. 定义函数时所指定的函数类型

答案：D

解答：函数返回值的类型取决于定义函数时所指定的函数类型。故选 D。

13. 定义一个 void 类型函数意味着调用该函数时，函数(   )。

A. 通过 return 语句返回一个用户所希望的函数值

B. 返回一个系统默认值

C. 没有返回值

D. 返回一个不确定的值

答案：C

解答：若函数没有返回值，则将函数类型设定为 void，防止函数返回一个系统默认值。故选 C。

14. C 语言规定，程序中各函数之间(   )。

A. 既允许直接递归调用，也允许间接递归调用

B. 不允许直接递归调用，也不允许间接递归调用

C. 允许直接递归调用，不允许间接递归调用

D. 不允许直接递归调用，允许间接递归调用

答案：A

解答：C 语言允许递归调用，无论是直接的递归调用，还是间接的递归调用，都是可以的。故选 A。

15. 若在程序中定义函数：

1	float myadd(float a, float b)
2	{
3	return a+b;
4	}
5	

将其放在调用语句之后，则在调用之前应对该函数进行声明。以下声明错误的是(　　)。

A. float myadd(float a, b);　　　　　　B. float myadd(float a, float b);

C. float myadd(float, float);　　　　　　D. float myadd(float b, float a);

答案：A

解答：函数的声明是指在函数首部加上分号所构成的形式。函数声明的目的是向编译器说明需要用到一个函数，编译器会检查函数的类型和函数名、形式参数的数目和类型。因为编译器不会检查形式参数的名称，所以 B 和 C 选项的函数声明方式均可以。而 D 选项对于编译器来说也是合法的，但是一般不会这样使用。故选 A。

二、填空题

1. 以下程序实现了计算 x 的 n 次方，请将程序填写完整。

1	#include<stdio.h>
2	
3	float power(float x, int n)
4	{　int i;
5	float t=1;
6	for(i=1;i<=n;i++)
7	t=t*x;
8	_____;
9	}
10	
11	int main( )
12	{　float x, y;
13	int n;
14	scanf("%f, %d", &x, &n);
15	y=power(x, n);
16	printf("%8.2f\n", y) ;
17	return 0;
18	}
19	

答案：return t;

解答：在 power 函数中，使用以下语句：

1	float t=1;
2	for(i=1;i<=n;i++)
3	t=t*x;

程序执行完毕后，t 的值就是 x 的 n 次方，而若要将求得的数值返回，则要使用 return 语句。

2. 以下程序实现了求两个数的最大公约数，请将程序填写完整。

1	#include<stdio.h>
2	
3	int divisor(int a, int b)
4	{
5	int r;
6	r=a%b;
7	while(_____)
8	{
9	a=b;
10	b=r;
11	r=a%b;
12	}
13	return b;
14	}
15	
16	void main()
17	{
18	int a, b, d, t;
19	printf("请输入第一个数：");
20	scanf("%d", &a);
21	printf("请输入第二个数：");
22	scanf("%d", &b);
23	if (a<b)
24	{
25	t=a;
26	a=b;
27	b=t;
28	}
29	
30	d=divisor(a, b);
31	printf("\n gcd=%d", d);
32	

33	return 0;
34	}
35	

答案：r!=0

解答：divisor 函数求出了 a 和 b 的最大公约数，这个方法称为欧几里得算法，又称为辗转相除法，它用于计算两个正整数 a 和 b 的最大公约数。这个算法可以作以下描述：

(1) 取 a 除以 y 的余数，称此余数为 r。

(2) 若 r 是 0，计算过程完成，最大公约数是 y。

(3) 如果 r 非 0，设 a 等于原来的 b 值，b 等于 r，重复整个计算过程。

需要注意的是，在进行计算时，要保证 a 比 b 大。

这个算法可以用测量长度的方式来证明。如果要求两个数(如 16 和 6)的最大公约数，可以将这个问题想象成找出一根最长的可以用于测量这两个距离的木棍，该木棍能够完整地测量这两个距离。因此可以把这个问题想象成有两根木棍，一根 16 个单位长度，一根 6 个单位长度，如图 11-1 所示。

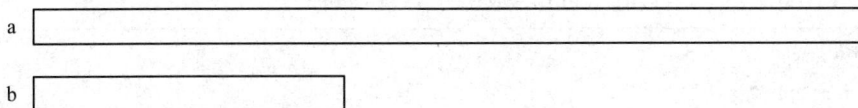

图 11-1

接下来可以找一根木棍 r，以该木棍为单位长度恰好可以均分 a 和 b 两根木棍，则 r 就是 a 和 b 的最大公约数。

欧几里得算法先用较短的一根木棍为单位长度来划分长的木棍，如图 11-2 所示。

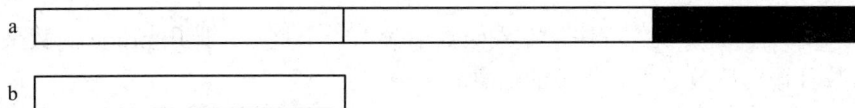

图 11-2

除非有较大的数能够完全整除较小的数，否则绝对会有一个余数，如图 11-2 中的阴影部分所示。以 6 为单位可以将 16 分为两份，还余 4，这意味着阴影部分是 4 个单位长度。欧几里得算法最基本的原则是原先两个距离的最大公约数必须是较短木棍的长度和图 11-2 中的阴影部分所表示的长度的最大公约数。

由此一来，问题就转化为了两个较小的数之间的比较。得到了两个新的数 6 和 4，把这两个数分别赋给 a 和 b，然后找出 a 和 b 的最大公约数。同样地，用较小的单位长度划分较长的长度，如图 11-3 所示。

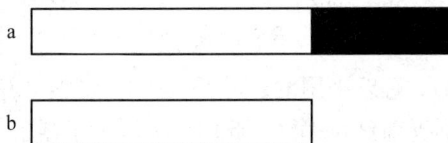

图 11-3

这个过程再次产生了一段剩余的区域，这次的长度为 2。如果继续重复这个过程，就会发现长度为 2 的阴影部分恰好就是 a 和 b 的最大公约数，因此根据欧几里得算法的原则，它也是原来两个数 a 和 b 的最大公约数。图 11-4 表明，这个新的值确实是原先两个数的最大公约数。

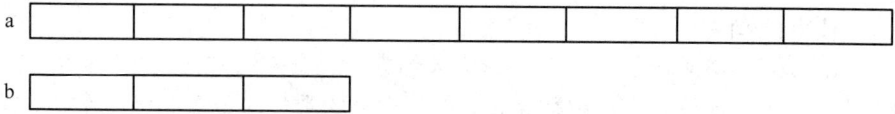

图　11-4

这个算法用 C 语言描述为：

```
1    r=a%b;
2    while(r!=0)
3    { a=b; b=r; r=a%b;}
4
```

当 while 循环结束后，b 的数值就是原先 a 和 b 的最大公约数。在求最大公约数之前，必须保证 a 比 b 要大，所以在 main 函数中才会有判断语句：

```
1    if (a<b)
2    { t=a; a=b; b=t; }
3
4
```

当 a 比 b 小时，交换 a 和 b 两个数值，以保证 a 的数值大。

三、编程题

1. 编写一个判断素数的程序，在主函数中输入一个整数，调用 prime 函数来判断该数是否为素数且输出该数是否为素数的信息。

解答：素数又称为质数，它是指在一个大于 1 的自然数中，除了 1 和此整数自身外，没法被其他自然数整除的数。换句话说，只有两个正因数(1 和其整数本身)的自然数即为素数，比 1 大但不是素数的数称为合数，1 和 0 既非素数也非合数。素数在数论中有着很重要的地位。

任何一个自然数都可以分解为素数的乘积，如果不计因数的次序，分解形式是唯一的，这称为算术基本定理，欧几里得早已将它证明。可是将一个大整数分解却没有一个简单通行的办法，只能用较小的素数一个一个地去试除，耗时极大。如果用计算机来分解一个 100 位的数字，所花的时间也要以万年计。可是将两个 100 位的数字相乘，对计算机来说却十分容易。美国数学家就利用了这一点发明了编制容易但破译难的密码方式。这种编码方式以三位发明者姓氏的首字母命名，称为 RSA 码。

判断一个数是否为素数，可以采用的算法是：让 m 被 $2\sim\sqrt{m}$ 除，如果 m 能被 $2\sim\sqrt{m}$ 之中任何一个整数整除，则提前结束循环，此时 i 必然小于或等于 $\sqrt{m}$；如果 m 不能被 $2\sim\sqrt{m}$ 之间的任一整数整除，则在完成最后一次循环后，i 还要加 1，因此 $i=\sqrt{m}+1$，然后才终止循环。在循环之后判别 i 的值是否大于或等于 $\sqrt{m}+1$，若是，则表明未曾被 $2\sim\sqrt{m}$ 之间任一整数整除过，因此输出结果是素数。

程序代码如下：

```
/*=============================
*程序名称：xt8-1.c
*功能：判断一个数是否为素数
=============================*/
#include <stdio.h>
#include <stdlib.h>
#include <math.h>


/*函数声明*/
int prime(int);

/*主函数*/
int main()
{

    int n;
    int flag;
    printf("请输入一个正整数:");
    scanf("%d", &n);
    flag=prime(n);
    if (flag)
        printf("%d 是一个素数.\n", n);
    else
        printf("%d 不是一个素数.\n", n);
    return 0;

}

/*=============
*函数名称：prime
*=============
*函数功能：计算 n 是否素数，
            是素数，返回1，否则返回0
*使用方法：flag=prime(n);
*/
```

```
37
38    int prime(int n)
39    {
40        int k, i;
41        k=sqrt(n)+1;
42        for (i=2; i<k; i++)
43        {
44            if (n%i==0)
45                break;
46        }
47        if(i<k)
48            return 1;
49        else
50            return 0;
51
52    }
53
```

2. 编写一个函数，输入年、月、日，计算该日是该年的第几天。

解答：程序代码如下：

```
1     /*================================
2     *程序名称：xt8-2.c
3     *功能：输入年、月、日，
4     *       计算当天是该年的第几天
5     =================================*/
6     #include <stdio.h>
7     #include <stdlib.h>
8
9
10    /*函数声明*/
11    int leap(int year);
12    int SumDay(int month, int day);
13
14
15    /*主函数*/
16    int main()
17    {
18        int year, month, day, days;
19        printf("请输入日期(年, 月, 日):\n");
```

```
20        printf("请输入年份：");
21        scanf("%d", &year);
22        printf("请输入月份：");
23        scanf("%d", &month);
24        printf("请输入日：");
25        scanf("%d", &day);
26
27        days=SumDay(month, day);                        /* 调用函数 SumDay */
28        if(leap(year)&&month>=3)                        /* 调用函数 leap */
29            days=days+1;
30
31        printf("%d 年%d 月%d 日", year, month, day);
32        printf("是第当年的第%d 天。\n", days);
33    }
34
35    /*===========
36    *函数名称：SumDay
37    *===========
38    *函数功能：计算当天是该年的第几天(不考虑闰年)
39    *使用方法：days=SumDay(month, day);
40    */
41
42    int SumDay(int month, int day)          /* 计算日期 */
43    {
44        int day_tab[13]={0, 31, 28, 31, 30, 31, 30, 31, 31, 30, 31, 30, 31};
45        int i;
46        for (i=1; i<month; i++)
47            day+=day_tab[i];                 /* 累加所在月之前的天数 */
48        return(day);
49    }
50
51    /*===========
52    *函数名称：leap
53    *===========
54    *函数功能：计算是否为闰年
55    *使用方法：leap(year);
56    */
57    int leap(int year)
58    {
```

59	int leap;
60	leap=(year%4==0&&year%100!=0)||year%400==0;
61	return(leap);
62	}
63	

3. 求方程 $ax^2 + bx + c = 0$ 的根，用三个函数分别求当 $b^2 - 4ac>0$、$b^2 - 4ac = 0$、$b^2 - 4ac <$ 0 时的根并输出结果(要求在主函数中输入 a、b、c 的值)。

解答：程序代码如下：

1	/*===============================
2	*程序名称：xt8-3.c
3	*功能：用函数的方式解方程(分三种情况求解)
4	===============================*/
5	#include <stdio.h>
6	#include <math.h>
7	/*全局变量声明。因为方程的解有多个，
8	而 return 语句只能返回一个数值，故而在这
9	里使用全局变量，在主函数和从函数中都可
10	以访问到方程的根。*/
11	float x1, x2;　　　//方程的两个根
12	float disc;　　　　//存储 b^2-4ac 的值
13	float p;　　　　　//虚根的实部
14	float q;　　　　　//虚根的虚部
15	
16	/*函数声明*/
17	void GreaterThanZero(float a, float b);
18	void EqualToZero(float a, float b);
19	void SmallerThanZero(float a, float b);
20	
21	/*主函数*/
22	int main()
23	{
24	float a, b, c;
25	
26	printf("分别输入 a, b, c 的值:\n");　　//输入数据
27	printf("请输入 a 的值：");
28	scanf("%f", &a);
29	printf("请输入 b 的值：");
30	scanf("%f", &b);

```
31        printf("请输入 c 的值：");
32        scanf("%f", &c);
33
34        printf("方程为：%5.2f*x*x+%5.2f*x+%5.2f=0\n", a, b, c);
35        disc=b*b-4*a*c;          //计算 △ 的值
36
37        printf("方程有");
38        if (disc>0)
39        {
40            GreaterThanZero(a, b);
41            printf("两个不等的实根：\n");
42            printf("x1=%f\n", x1);
43            printf("x2=%f\n", x2);
44        }
45        else if (disc==0)
46        {   EqualToZero(a, b);
47            printf("两个相等的实根：\n");
48            printf("x1=x2=%f\n", x1);
49        }
50        else
51        {   SmallerThanZero(a, b);
52            printf("两个不等的虚根：\n");
53            printf("x1=%f+%fi\n", p, q);
54            printf("x2=%f-%fi\n", p, q);
55        }
56
57        return 0;
58    }
59
60    /*===========
61    *函数名称：GreaterThanZero
62    *===========
63    *函数功能：计算当 △ > 0 时方程的根
64    *使用方法：GreaterThanZero(a, b);
65    */
66    void GreaterThanZero(float a, float b)
67    {
68        x1=(-b+sqrt(disc))/(2*a);
69        x2=(-b-sqrt(disc))/(2*a);
```

```
70      }
71
72      /*============
73      *函数名称：EqualToZero
74      *============
75      *函数功能：计算当 Δ = 0 时方程的根
76      *使用方法：EqualToZero(a, b);
77      */
78      void EqualToZero(float a, float b)
79      {
80          x1=x2=(-b)/(2*a);
81      }
82
83      /*============
84      *函数名称：SmallerThanZero
85      *============
86      *函数功能：计算当 Δ < 0 时方程的根
87      *使用方法：SmallerThanZero(a, b);
88      */
89      void SmallerThanZero(float a, float b)
90      {
91          p=-b/(2*a);
92          q=sqrt(-disc)/(2*a);
93      }
94
```

4. 编写一个函数，使输入的字符串按逆序存放，并在主函数中输入和输出字符串。

解答：程序代码如下：

```
1      /*================================
2      *程序名称：xt8-4.c
3      *功能：使输入的字符串按逆序存放
4      ==================================-*/
5      #include <stdio.h>
6      #include <stdlib.h>
7      #include<string.h>
8
9      /*函数声明*/
10     void inverse(char str[]);
11
```

```
12    /*主函数*/
13    int main()
14    {
15        char str[100];
16        printf("请输入字符串:");
17        gets(str);
18        inverse(str);
19        printf("逆序字符串为:%s\n", str);
20
21        return 0;
22
23    }
24
25    /*===========
26    *函数名称：inverse
27    *===========
28    *函数功能：逆序存放字符串
29    *使用方法：inverse( str)
30    */
31
32    void inverse(char str[])
33    {
34        char t;
35        int i, j;
36        for (i=0, j=strlen(str); i<(strlen(str)/2); i++, j--)
37        {
38            t=str[i];
39            str[i]=str[j-1];
40            str[j-1]=t;
41        }
42    }
43
```

5. 用牛顿迭代法求方程的根。方程为 $ax^3 + bx^2 + cx + d = 0$，其系数 a、b、c、d 的值依次为 1、2、3、4，由主函数输入。求 x 在 1 附近的一个实根，求出实根后由主函数输出。

解答：程序代码如下：

```
1    /*==============================
2    *程序名称：xt8-5.c
3    *功能：用牛顿迭代法求方程的根
```

```
4     *
5     ================================*/
6     #include <stdio.h>
7     #include <stdlib.h>
8     #include <math.h>
9
10
11    /*函数声明*/
12    float solut(float a, float b, float c, float d);
13
14    /*主函数*/
15    int main()
16    {
17        float a, b, c, d;
18        printf("请输入 a 的值:");
19        scanf("%f", &a);
20        printf("请输入 b 的值:");
21        scanf("%f", &b);
22        printf("请输入 c 的值:");
23        scanf("%f", &c);
24        printf("请输入 d 的值:");
25        scanf("%f", &d);
26        printf("方程的根是 %10.7f\n", solut(a, b, c, d));
27        return 0;
28    }
29
30    /*===========
31    *函数名称：solut
32    *===========
33    *函数功能：牛顿迭代法求方程的根
34    *使用方法：x=solut(a, b, c, d);
35    */
36
37    float solut(float a, float b, float c, float d)
38    {
39        float x=1, x0, f, f1;
40        do
41        {
42            x0=x;
```

43	f=((a*x0+b)*x0+c)*x0+d;
44	f1=(3*a*x0+2*b)*x0+c;
45	x=x0-f/f1;
46	}
47	while(fabs(x-x0)>=1e-3);
48	return(x);
49	}
50	

6. 用递归法求 n 阶勒让德多项式的值，递归公式为

$$P_n(x) = \begin{cases} 1 & (n=0) \\ x & (n=1) \\ \dfrac{(2n-1)x-p_{n-1}(x)-(n-1)p_{n-2}(x)}{n} & (n \geqslant 1) \end{cases}$$

解答：程序代码如下：

1	/*===============================
2	*程序名称：xt8-6.c
3	*功能：用递归法求 n 阶勒让德多项式的值
4	*
5	===============================*/
6	#include <stdio.h>
7	#include <stdlib.h>
8	
9	/*函数声明*/
10	float Legendre(int n, int x);
11	
12	/*主函数*/
13	int main()
14	{
15	int n, x;
16	printf("请输入 n 的值:");
17	scanf("%d", &n);
18	printf("请输入 x 的值:");
19	scanf("%d", &x);
20	printf("结果为:%.7f\n", Legendre(n, x));
21	return 0;
22	}
23	

24	/*===========
25	*函数名称：Legendre
26	*===========
27	*函数功能：用递归法求 n 阶勒让德多项式的值
28	*使用方法：x=Legendre(n, x);
29	*/
30	float Legendre(int n, int x)
31	{
32	int f;
33	if(n<0)
34	{
35	f = -1;
36	printf("出错了, n 必须大于 0");
37	}
38	else if(n==0)
39	{
40	f = 1;
41	}
42	else if (n==1)
43	{
44	f = x;
45	}
46	else if (n>1)
47	{
48	f=((2*n-1)*x*Legendre(n-1, x)-(n-1)*Legendre(n-2, x))/n;
49	}
50	return f;
51	}
52	

7. 编写一个函数，输入十六进制数，输出相应的十进制数(假设所有的数据均是整数，不带小数)。

解答：程序代码如下：

1	/*===============================
2	*程序名称：xt8-7.c
3	*功能：将十六进制数转换为十进制数
4	*
5	===============================*/
6	#include <stdio.h>

```
7     #include <stdlib.h>
8     /*============
9     *常量声明
10    *============
11    *MAX:十六进制数的最大长度
12
13    */
14
15    #define MAX 1000
16
17    /*函数声明*/
18    int HtoI(char s[]);
19
20    /*主函数*/
21    int main()
22    {
23       int c, i;
24       char t[MAX];
25       i=0;
26       printf("请输入一个十六进制数:");
27       while((c=getchar())!='\n' && i<MAX)
28         {if ((c>='0' && c<='9')||(c>='a' && c<='f')||(c>='A' && c<='F'))
29           {
30             t[i]=c;
31             i++;
32           }
33         }
34       t[i]='\0';
35       printf("对应的十进制数是：%d\n", HtoI(t));
36       return 0;
37     }
38
39    /*============
40    *函数名称：HtoI
41    *============
42    *函数功能：把十六进制数转换为十进制数
43    *使用方法：n=HtoI(s);
44    */
45
```

46	int Htol(char s[])
47	{ int i, n;
48	n=0;
49	for (i=0;s[i]!='\0';i++)
50	{if (s[i]>='0'&& s[i]<='9')
51	n=n*16+s[i]-'0';
52	if (s[i]>='a' && s[i]<='f')
53	n=n*16+s[i]-'a'+10;
54	if (s[i]>='A' && s[i]<='F')
55	n=n*16+s[i]-'A'+10;
56	}
57	return(n);
58	}
59	

8. 求 $1 + 2! + 3! + \cdots + 20!$ 的和。

解答：整个式子的值是求和，且每个加数都是一个阶乘，则可以使用函数求阶乘，在主函数中加函数的返回值。完整的程序代码如下：

1	/*==============================
2	*程序名称：xt8-8-1.c
3	*功能：求 $1 + 2! + 3! + \cdots + 20!$ 的和
4	*
5	==============================*/
6	#include <stdio.h>
7	#include <stdlib.h>
8	double mix(int n);
9	int main()
10	{
11	int i;
12	double sum;
13	sum=0;
14	for(i=1;i<=20;i++)
15	{
16	sum=sum+mix(i);
17	}
18	printf("%lf\n", sum);
19	return 0;
20	}
21	//mix 函数求阶乘

```
22    double mix(int n)
23    {
24        int i;
25        double mix;
26        mix=1;
27        for(i=1; i<=n; i++)
28            mix *= i;
29        return mix;
30    }
31
```

同时，这个程序还可以作如下简写，请自行分析这个程序的实现过程。

```
1     /*================================
2     *程序名称：xt8-8-2.c
3     *功能：求 1 + 2! + 3! + … + 20! 的和
4     *
5     ================================*/
6     #include <stdio.h>
7     #include <stdlib.h>
8
9     int main()
10    {
11        int i;
12        double sum, mix;
13        sum=0;mix =1;
14        for(i=1; i<=20; i++)
15        {
16            mix =mix *i;
17            sum=sum+mix;
18        }
19        printf("%lf\n", sum);
20        return 0;
21    }
22
```

9. 利用递归函数调用方式，将输入的 5 个字符以逆序打印出来。

解答：完整的程序代码如下：

```
1     /*================================
2     *程序名称：xt8-9.c
3     *功能：利用递归函数调用方式，
```

```
4    *          逆序打印输入的 5 个字符
5    ================================*/
6    #include <stdio.h>
7    #include <stdlib.h>
8    void Print(char a[], int n);
9    int main()
10   {
11       char a[5];
12       printf("请输入 5 个字符  :");
13       gets(a);
14       printf("逆序输出结果  : ");
15       Print(a, 4);
16       return 0;
17   }
18
19   void Print(char a[], int n)
20   {
21       if(n >= 0)
22       {
23           printf("%c", a[n]);
24           Print(a, n-1);
25       }
26   }
27
```

10. 字符串反转，如将字符串 "www.cqepc.cn" 反转为 "nc.cpeqc.www"。

解答：假设字符串有 10 个元素，即 len=10，其交换的情况如图 11-5 所示。

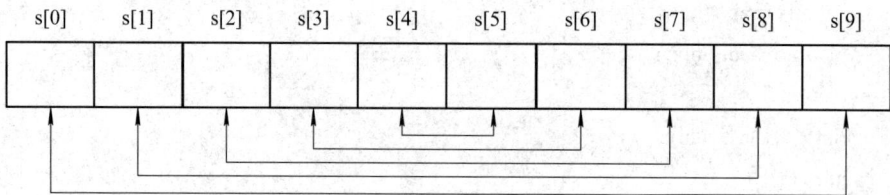

图 11-5　10 个元素交换情况

从图中可以看到，s[i] 和 s[10-1-i] 进行了交换，其中 i = 0～4。可以用以下 for 语句实现该功能：

```
1    for(i=0; i<len/2; i++)
2        {
3            c = s[i];
```

4	s[i] = s[len -1-i];
5	s[len-1- i] = c;
6	}
7	

需要注意的是，在进行交换之前先要求出字符串的长度。完整的程序代码如下：

1	/*===============================
2	*程序名称：xt8-10-1.c
3	*功能：利用递归函数将字符串反转
4	*
5	===============================*/
6	#include <stdio.h>
7	#include <stdlib.h>
8	void reverse(char s[]);
9	
10	int main()
11	{
12	char s[] = "www.cqepc.cn";
13	printf("'%s' =>\n", s);
14	reverse(s);　　　　　// 反转字符串
15	printf("'%s'\n", s);
16	return 0;
17	}
18	
19	void reverse(char s[])
20	{
21	int i ;
22	char c;
23	int len
24	// 获取字符串长度
25	len = 0;
26	while(s[len] != '\0')
27	{
28	len++;
29	}
30	
31	// 交换
32	for(i=0; i<len/2; i++)
33	{

34	c = s[i];
35	s[i] = s[len -1-i];
36	s[len-1- i] = c;
37	}
38	
39	}
40	

本题还有一种方法，设置两个下标 begin 和 end，begin 从 0 开始，end 从末位开始，交换两个数，然后下标相互靠近，直到 begin>=end 为止。完整的程序代码如下：

1	/*==============================
2	*程序名称：xt8-10-2.c
3	*功能：利用递归函数将字符串反转
4	*
5	================================*/
6	#include <stdio.h>
7	#include <stdlib.h>
8	#include<string.h>
9	void reverse(char s[]);
10	
11	int main()
12	{
13	char s[] = "www.cqepc.cn";
14	printf("'%s' =>\n", s);
15	reverse(s); // 反转字符串
16	printf("'%s'\n", s);
17	return 0;
18	}
19	
20	void reverse(char str[])
21	{
22	int len;
23	char tmp;
24	int begin, end;
25	len=strlen(str); //获取字符串长度]
26	begin=0; //指针 begin 指向字符串首地址
27	end=len-1; //指针 end 指向字符串尾地址
28	while(begin<end)
29	{

30	tmp=str[begin];
31	str[begin]=str[end];
32	str[end]=tmp;
33	begin++;
34	end--;
35	}
36	}
37	

此外，还可以使用指针进行运算。指针运算的程序代码如下：

```
/*===============================
*程序名称：xt8-10-3.c
*功能：利用递归函数将字符串反转
*
===============================*/
#include <stdio.h>
#include <stdlib.h>
#include<string.h>
void reverse(char *str);

int main(void)
{
    char string[]="www.cqepc.cn";
    printf("正序为：");
    puts(string);

    reverse(string);

    printf("逆序为：");
    puts(string);

    return 0;
}

void reverse(char *str)
{
    int len;
    char tmp;
    char *begin, *end;
```

30	len=strlen(str);　　　//获取字符串长度]
31	begin=str;　　　　　//指针 begin 指向字符串首地址
32	end=str+len-1;　　　//指针 end 指向字符串尾地址
33	while(begin<end)
34	{
35	tmp=*begin;
36	*begin=*end;
37	*end=tmp;
38	begin++;
39	end--;
40	}
41	}
42	

11. 猜数字游戏。写一个猜数字游戏的程序，随机生成一个数字，让观众猜测，猜对询问是否继续，要能统计猜的次数。

解答：猜数字游戏需要生成一个随机数。先用 srand()函数生成一个随机的种子，然后再用 rand()函数生成随机数。使用的语句如下：

srand((int)time(NULL));

randNumber = (rand() % limitsNumber) + 1;

这段程序生成了一个 1～limitsNumber 范围内的随机数。判断随机数就是不断地判断输入的数跟生成的随机数之间的关系，给出太大或者太小的提示，最后两者相等就给出猜对了的结论。每次猜测都进行一次计数。完整的程序代码如下：

1	/*================================
2	*程序名称：xt8-11.c
3	*功能：猜数字游戏
4	================================*/
5	#include <stdio.h>
6	#include <stdlib.h>
7	#include <time.h>
8	void caizi(int randNumber);
9	int makeNumber(void);
10	
11	int main(void)
12	{
13	int randNumber;
14	
15	randNumber= makeNumber();
16	printf("游戏正式开始，请输入你猜的数字:\n");

```
17          caizi(randNumber);
18
19          return 0;
20      }
21      //生成随机数函数
22      int makeNumber(void)
23      {
24          int limitsNumber;
25          int randNumber;
26          printf("请输入你想猜的数据范围(1～？)：");
27          scanf("%d", &limitsNumber);
28          //生成随机数
29          printf("即将生成 1～%d 之间的随机数。\n", limitsNumber);
30          srand((int)time(NULL));
31          randNumber = (rand() % limitsNumber) + 1;
32          printf("随机数生成完毕。\n");
33          return randNumber;
34      }
35
36      //猜数游戏
37      void caizi(int randNumber)
38      {
39          int currentNumber;
40          int count = 0;
41
42          while (1)
43          {
44              scanf("%d", &currentNumber);
45              count++;//计数器
46              if (currentNumber < randNumber)
47              {
48                  puts("太小了!");
49                  puts("重新输入:");
50              }
51              else if (currentNumber>randNumber)
52              {
53                  puts("太大了!");
54                  puts("重新输入:");
55              }
```

```
56        else
57        {
58            printf("猜中了，使用了  %d  次！\n", count);
59            break;
60        }
61    }
62 }
63
64
```

第 12 章　项目 9 习题解答

一、选择题

1. 变量的指针，其含义是指该变量的(　　)。

A. 值　　　　　　　　B. 地址　　　　　　　C. 名　　　　　　　D. 一个标志

答案：B

解答：指针就是地址，变量的指针就是变量的地址。故选 B。

2. 若有定义 int k=2;int *ptr1, *ptr2，且 ptr1 和 ptr2 均已指向变量 k，下面不能正确执行的赋值语句是(　　)。

A. k=*ptr1+*ptr2　　　　　　　　B. ptr2=k

C. ptr1=ptr2　　　　　　　　　　D. k=*ptr1*(*ptr2)

答案：B

解答：ptr1 和 ptr2 都是指针变量，且均已指向变量 k，则 *ptr1 和 *ptr2 的值是 2。A 选项表示把 *ptr1 和 *ptr2 相加，然后将值赋给 k。D 选项表示把 *ptr1 和 *ptr2 相乘并将值赋给 k。C 选项表示把 ptr2 的指针赋给 ptr1。B 选项相当于 ptr2=2，这是错误的，这样指针会指向地址为 2 的单元，而这个地址单元的用途不得而知，若有类似 *ptr2=25; 这样的语句时，修改地址为 2 的单元数据，可能会造成系统出错。对于指针变量，不能直接赋一个数值，而应该让指针指向一个已知的单元，如 ptr2=&k。故选 B。

3. 若有定义：int *p, m=5, n，则以下程序段正确的是(　　)。

A. p=&n;　　　　　　　　　　　B. p = &n ;

　　scanf("%d", &p);　　　　　　　　scanf("%d", *p);

C. scanf("%d", &n);　　　　　　　D. p = &n;

　　*p=n ;　　　　　　　　　　　　*p = m;

答案：D

解答：p=&n; 语句表示指针 p 指向了变量 n。scanf 函数的一般形式为：

　　　　scanf("格式控制字符串"，地址表列);

这里应该使用 scanf("%d"p); 语句。故 A 和 B 选项都是错误的。对于 C 选项，p 还未赋值，在其没有指向任何已知的变量之前，不能使用 *p，所以 *p=n ;语句错误。故选 D。

4. 若有变量定义和函数调用语句："int a=25; print_value(&a);"，则下面函数的输出结果是(　　)。

1	void print_value(int *x)
2	{

3	`printf("%d\n", ++*x);`
4	`}`
5	

　　A. 23　　　　　　B. 24　　　　　　C. 25　　　　　　D. 26

　　答案：D

　　解答：当调用函数 print_value 时，指针 x 指向了变量 a。在 printf("%d\n", ++*x);语句中，++和*运算符的优先级都是 2，而它们的结合性是从右到左，所以 ++*x 相当于 ++(*x)，应该先计算 *x。而 *x 在意义上就是 a，这样 printf("%d\n", ++*x); 语句就相当于 printf("%d\n", ++a); 语句，对于 ++a 语句，其运算规则是先进行自增，然后再参与其他运算，因此其会先把 a 的数值自增 1，将结果变成 26，然后才输出，所以最终的输出结果是 26，故选 D。

　　5. 若有定义：int *p1, *p2, m=5, n，则以下均是正确赋值语句的选项是(　　)。

　　A. p1=&m; p2=&p1;　　　　　　　　B. p1=&m; p2=&n; *p1=*p2 ;

　　C. p1=&m; p2=p1;　　　　　　　　　D. p1=&m; *p1=*p2 ;

　　答案：C

　　解答：A 选项的 p2=&p1;语句错误，不能把指针的地址赋给一个指针变量。B 选项的 *p1=*p2;语句错误，*p1 没有明确的值，把这样的数值赋给一个变量没有任何的意义。D 选项的*p1=*p2 ;语句错误，p2 没有指向任何已知变量，因而*p2 的数值是不确定的。故选 C。

　　6. 若有语句：int *p, a=4 和 p=&a，则下面均代表地址的选项是(　　)。

　　A. a, p, *&a　　　　　　　　　　　　B. &*a, &a, *p

　　C. *&p, *p, &a　　　　　　　　　　　D. &a, &*p, p

　　答案：D

　　解答：&是取地址运算符，*是取值运算符，这两个运算符优先级相同，其结合性为从右向左，因此*&a 相当于*p，即 a；&*p 相当于&a，也就是 p。故选 D。

　　7. 下面判断正确的是(　　)。

　　A. char *a="china"; 等价于 char *a; *a="china";

　　B. char str[10]={"china"}; 等价于 char str[10]; str[ ]={ "china"};

　　C. char *s="china"; 等价于 char *s; s="china";

　　D. char c[4]= "abc", d[4]= "abc"; 等价于 char c[4]=d[4]= "abc";

　　答案：C

　　解答：在 C 语言中，字符串的使用比较特殊，与普通的变量有一定的区别。字符串使用字符数组来存储，char str[10]={ "china"};语句表示字符数组 str 赋初值为字符串"china"，数组名是数组首元素的地址，这个地址是不能改变的，所以 str[ ]={ "china";}的表示方式是错误的，应该修改为 strcpy(str, "china")。若使用指针来处理字符串，则是把指针指向了字符串的首地址，如 char *s; s="china";语句表示把指针 s 指向字符串"china"的首地址，这样就可以通过指针 s 来访问字符串了。故选 C。

　　8. 下面程序段中，for 循环的执行次数是(　　)。

1	`char *s="\ta\018bc" ;`
2	`for (    ; *s!='\0' ; s++)`

3	printf("*") ;
4	

A. 9　　　　　　　　B. 7　　　　　　　　C. 6　　　　　　　　D. 5

答案：C

解答：for 语句退出循环的条件是指针 s 指向的内容不是字符串结束标志 '\0'，而在 "\ta\018bc"中，'\t' 和 '\01'(此处需要注意，因为 8 不是八进制数，所以转义字符是 '\01' 而不是 '\018')分别是转义字符，所以字符串"\ta\018bc"一共有 6 个字符，'\t'、'a'、'\01'、'8'、'b'、'c'。故选 C。

9. 下面程序段的运行结果是(　　)。

1	char *s="abcde";
2	s+=2;
3	print("%d", s)
4	

A. cde　　　　　　　　　　　　B. 字符 'c'

C. 字符 'c' 的地址　　　　　　　D. 不确定

答案：C

解答：指针 s 指向了字符串的首字符 'a'，而 s+=2 使指针 s 指向了字符 'c'，若以 "%d" 格式输出指针 s 的值，就是字符 'c' 的地址。故选 C。

10. 以下与库函数 strcpy(char *p1, char *p2)功能不相同的程序段是(　　)。

A. strcpy1(char *p1, char *p2)

　　{ while ((*p1++=*p2++)!='\0') ; }

B. strcpy2(char *p1, char *p2)

　　{ while ((*p1=*p2)!='\0') { p1++; p2++ } }

C. strcpy3(char *p1, char *p2)

　　{ while (*p1++=*p2++) ; }

D. strcpy4(char *p1, char *p2)

　　{ while (*p2) *p1++=*p2++ ; }

答案：D

解答：库函数 strcpy(char *p1, char *p2)把指针 p2 指向的字符串复制到指针 p1 指向的字符数组中，包括最后的字符串结束标志 '\0'。D 选项并没有复制字符串结束标志 '\0'，是错误的，其他的 3 个选项都是正确的。故选 D。

11. 下面程序段的运行结果是(　　)。

1	char a[ ]="language", *p ;
2	p=a ;
3	while (*p!='u')
4	{
5	printf("%c", *p-32);
6	p++ ;

7	}
8	

A.　LANGUAGE　　　　　　　　　　　　B.　language

C.　LANG　　　　　　　　　　　　　　D.　langUAGE

答案：C

解答：while 语句的作用是依次输出数组 a 中字母对应的大写字母，当字母遇到字符'u' 时结束，因此只能输出前 4 个字符对应的大写字母 LANG。故选 C。

12. 若有定义：int a[5]，则 a 数组中首元素的地址可以表示为(　　)。

A.　&a　　　　　　B.　a+1　　　　　　C.　a　　　　　　D.　&a[1]

答案：C

解答：数组名就是数组首元素的地址，故选 C。

13. 以下选项中，对指针变量 p 的正确操作是(　　)。

A.　int a[3], *p;　　B.　int a[5], *p;　　C.　int a[5];　　　　D.　int a[5]

　　p=&a;　　　　　　　p=a;　　　　　　int *p=a=100;　　　int *p1, *p2=a;

　　　　　　　　　　　　　　　　　　　　　　　　　　　　　*p1=*p2;

答案：B

解答：在 A 选项中，因为数组名 a 本身就是一个地址，所以&a 的表示方式是错误的。又因为不能把指针赋值一个确定的常量，所以 C 选项是错误的。在 D 选项中，指针 p1 没有指向任何已知的单元，因此*p1=*p2;语句的赋值操作会使得*p2 的值被送入到一个不确定的单元中，这是错误的。故选 B。

二、程序阅读题

1. 写出下面程序的输出结果。

1	#include<stdio.h>
2	int fun (char *s)
3	{
4	char *p=s;
5	while (*p) p++ ;
6	return (p-s) ;
7	}
8	int main ( )
9	{
10	char *a="abcdef" ;
11	printf("%d\n", fun(a)) ;
12	return 0;
13	}
14	

答案：6

解答：指针 a 指向了一个含有 6 个字母的字符串。在 fun 函数中，指针 s 和 p 均指向了字符串 "abcdef"。在 while (*p) p++ ; 语句中，指针 p 会持续自增 1，直到 *p 的值为 0 为止(字符串结束的标志 '\0' 的 ASCII 码值就是 0)，返回 p-s 的值，该值也就表示 p 和 s 之间有几个字符。故输出结果是 6。

2. 写出下面程序的输出结果。

```
1    #include<stdio.h>
2    void sub(char *a, int t1, int t2)
3    {    char ch;
4         while (t1<t2)
5         {
6              ch = *(a+t1);
7              *(a+t1)=*(a+t2) ;
8              *(a+t2)=ch ;
9              t1++ ;
10             t2-- ;
11        }
12   }
13   int main ( )
14   {
15        char s[12];
16        int i;
17        for (i=0; i<12 ; i++)
18                s[i]='A'+i+32 ;
19        sub(s, 7, 11);
20        for (i=0; i<12 ; i++)
21                printf ("%c", s[i]);
22        printf("\n");
23        return 0;
24   }
25
```

答案：abcdefglkjih

解答：执行以下语句：

```
1    for (i=0; i<12 ; i++)
2    s[i]='A'+i+32 ;
3
```

以上语句被执行后，数组 s 的内容如图 12-1 所示。

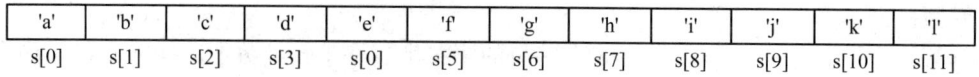

'a'	'b'	'c'	'd'	'e'	'f'	'g'	'h'	'i'	'j'	'k'	'l'
s[0]	s[1]	s[2]	s[3]	s[0]	s[5]	s[6]	s[7]	s[8]	s[9]	s[10]	s[11]

图 12-1

执行 sub(s, 7, 11);语句，在把参数传递给 sun 函数后，a、t1 和 t2 的情况如图 12-2 所示。

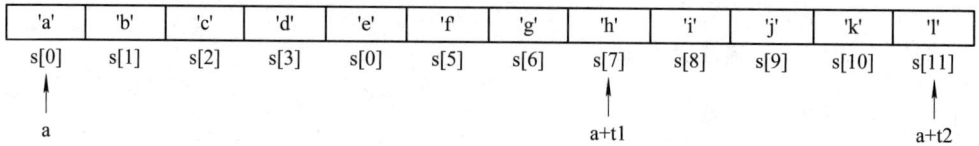

'a'	'b'	'c'	'd'	'e'	'f'	'g'	'h'	'i'	'j'	'k'	'l'
s[0]	s[1]	s[2]	s[3]	s[0]	s[5]	s[6]	s[7]	s[8]	s[9]	s[10]	s[11]

a　　　　　　　　　　　　　　　　　　　　a+t1　　　　　　　　a+t2

图　12-2

然后执行以下语句：

```
1   while (t1<t2)
2   {
3       ch = *(a+t1); *(a+t1)=*(a+t2) ; *(a+t2)=ch ;
4       t1++ ;
5       t2— ;
6   }
7
```

在 t1<t2 的情况下，把*(a+t1)与*(a+t2) 互换，每次互换完毕后，t1 自增 1，t2 自减 1。在初始情况下，t1=7，t2=11，因此 t1<t2 成立，于是把'h'与'l'互换，同时 t1 自增 1，t2 自减 1。执行后的结果如图 12-3 所示。

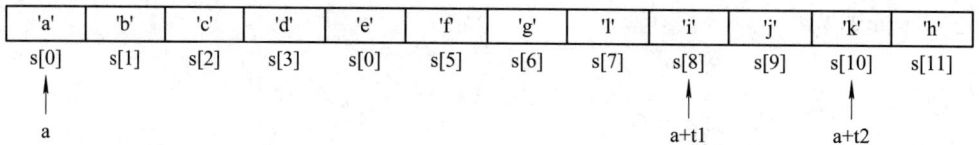

'a'	'b'	'c'	'd'	'e'	'f'	'g'	'l'	'i'	'j'	'k'	'h'
s[0]	s[1]	s[2]	s[3]	s[0]	s[5]	s[6]	s[7]	s[8]	s[9]	s[10]	s[11]

a　　　　　　　　　　　　　　　　　　　　a+t1　　　　　　　　a+t2

图　12-3

此时 while 语句的条件还是成立的，于是继续进行交换，把'i'与'k'互换，同时 t1 自增 1，t2 自减 1。执行后的结果如图 12-4 所示。

此时 t1=t2，while 语句的条件不满足，退出循环，sub 函数结束，返回 main 函数中继续向下执行语句：

```
1   for (i=0; i<12 ; i++)
2       printf ("%c", s[i]);
3
```

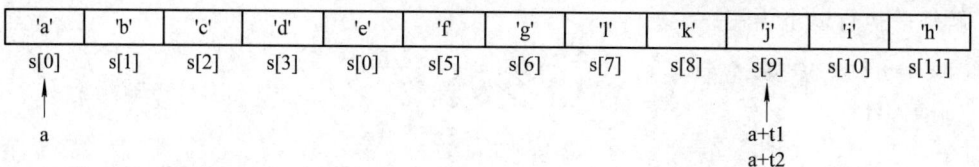

'a'	'b'	'c'	'd'	'e'	'f'	'g'	'l'	'k'	'j'	'i'	'h'
s[0]	s[1]	s[2]	s[3]	s[0]	s[5]	s[6]	s[7]	s[8]	s[9]	s[10]	s[11]

a　　　　　　　　　　　　　　　　　　　　　　　　　a+t1
　　　　　　　　　　　　　　　　　　　　　　　　　a+t2

图　12-4

输出数组 s 的各个元素，从图 12-4 可以看出，其输出结果为 abcdefglkjih。

三、编程题

1. 定义 3 个整数及整数指针，仅用指针方法按由小到大的顺序输出。

解答：程序代码如下：

```
1   /*==============================
2   *程序名称：xt9-1.c
3   *功能：用指针的方式把 3 个数排序
4   ==============================*/
5   #include <stdio.h>
6
7   /*函数声明*/
8   void swap(int *p1, int *p2);
9
10  /*主函数*/
11  int main()
12  {
13      int n1, n2, n3;
14      int *p1, *p2, *p3;
15
16      printf("请输入第一个数: ");
17      scanf("%d", &n1);
18      printf("请输入第二个数: ");
19      scanf("%d", &n2);
20      printf("请输入第三个数: ");
21      scanf("%d", &n3);
22
23      p1=&n1;
24      p2=&n2;
25      p3=&n3;
26      if(n1>n2)
27          swap(p1, p2);
28      if(n1>n3)
29          swap(p1, p3);
30      if(n2>n3)
31          swap(p2, p3);
32      printf("3 个数从小到大的顺序是:%d, %d, %d\n", n1, n2, n3);
33      return 0;
```

```
34      }
35
36      /*============
37      *函数名称：swap
38      *============
39      *函数功能：交换两个数据
40      *使用方法：swap(p1, p2);
41      */
42        void swap(int *p1, int *p2)
43      {
44          int p;
45          p=*p1; *p1=*p2; *p2=p;
46      }
47
```

2. 输入 10 个整数，将其中最小的数与第一个数互换，把最大的数与最后一个数互换。写 3 个函数(所有函数的参数均用指针)：① 输入 10 个整数；② 进行处理；③ 输出 10 个整数。

解答：程序代码如下：

```
1       /*================================
2       *程序名称：xt9-2.c
3       *功能：输入 10 个整数，将其中最小的数
4       *        与第一个数互换，把最大的数
5       *        与最后一个数互换
6       =================================*/
7       #include <stdio.h>
8
9       /*函数声明*/
10      void input(int *);
11      void max_min_value(int *);
12      void output(int *);
13
14      /*主函数*/
15      int main()
16      {
17          int number[10];
18          input(number);
19          max_min_value(number);
20          output(number);
```

```
21        return 0;
22    }
22
23    /*==========
24    *函数名称：input
25    *==========
26    *函数功能：输入 10 个整数
27    *使用方法：input(number);
28    */
29     void input(int *number)
30    {
31        int i;
32        printf("input 10 numbers: ");
33        for (i=0; i<10; i++)
34            scanf("%d", &number[i]);
35    }
36
37    /*==========
38    *函数名称：max_min_value
39    *==========
40    *函数功能：求最大和最小的数
41    *使用方法：max_min_value(number);
42    */
43     void max_min_value(int *number)
44    {
45        int *max, *min, *p, temp;
46        max=min=number;
47        for (p=number+1;p<number+10;p++)
48        {
49            if (*p>*max) max=p;
50            else if (*p<*min) min=p;
51        }
52
53        temp=number[0];number[0]=*min;*min=temp;
54        if(max= =number)
55            max=min;
56        temp=number[9];number[9]=*max;*max=temp;
57    }
58
```

```
59    /*===========
60    *函数名称：output
61    *===========
62    *函数功能：输出数据
63    *使用方法：output(number);
64    */
65    void output(int *number)
66    {
67        int *p;
68        printf("Now, they are:       ");
69        for (p=number; p<number+10; p++)
70            printf("%d ", *p);
71        printf("\n");
72    }
73
```

3. 编写一个求字符串长度的函数(参数使用指针)，在主函数中输入字符串，并输出其长度。

解答：程序代码如下：

```
1     /*===============================
2     *程序名称：xt9-3.c
3     *功能：求字符串长度，使用指针方式，
4     *         不使用 strlen 函数
5     ===============================*/
6     #include <stdio.h>
7     #include<string.h>
8
9     /*函数声明*/
10    int length(char *p);
11
12    /*主函数*/
13    int main()
14    {
15        int len;
16        char str[20];
17        printf("请输入一个字符串：");
18        gets(str);
19
20        len=length(str);
```

```
21        printf("字符串的长度是%d.\n", len);
22        return 0;
22    }
23
24    /*===========
25    *函数名称：length
26    *===========
27    *函数功能：求字符串的长度
28    *使用方法：len=length(str);
29    */
30    int length(char *p)
31    {
32        int n;
33        n=0;
34        while (*p!='\0')
35        {
36            n++;
37            p++;
38        }
39        return(n);
40    }
41
```

4. 编写一个函数原型为 "int strcmp(char *s1, char *s2);" 的函数，该函数可实现两个字符串的比较。

解答：程序代码如下：

```
1     /*===============================
2     *程序名称：xt9-4.c
3     *功能：实现两个字符串的比较
4     ===============================*/
5     #include<stdio.h>
6     /*函数声明*/
7     int strcmp(char *p1, char *p2);
8
9     /*主函数*/
10    int main()
11    {
12        int m;
13        char str1[20], str2[20], *p1, *p2;
```

```
14        printf("请输入字符串 1:\n");
15        gets(str1);
16        printf("请输入字符串 2:\n");
17        gets(str2);
18
19        p1=&str1[0];
20        p2=&str2[0];
21
22        m=strcmp(p1, p2);
22
23        printf("字符串比较的结果是: ");
24        if(m= =0)
25            printf("%s 和%s 相等。\n", str1, str2);
26        else if(m>0)
27            printf("%s 比%s 大%d。\n", str1, str2, m);
28        else
29            printf("%s 比%s 小%d。\n", str1, str2, m);
30        return 0;
31    }
32
33    /*===========
34    *函数名称：strcmp
35    *===========
36    *函数功能：实现两个字符串的比较
37    *使用方法：m=strcmp(p1, p2);
38    */
39    int strcmp(char *p1, char *p2)            //两个字符串比较函数
40    {
41        while(*(p1)= =*(p2))
42        {
43            if (*(p1)= ='\0')
44                return(0);              //相等时返回结果 0
45            p1++;
46            p2++;
47        }
48        return(*(p1)-*(p2));             //不等时返回结果为第一个不等字符 ASCII 码的差值
49    }
50
```

第 13 章　项目 10 习题解答

一、选择题

1. 以下运算符中优先级最低的是(　　)，优先级最高的是(　　)。

A. &&　　　　　　　B. &　　　　　　　C. ||　　　　　　　D. |

答案：C，B

解答：&&：逻辑与运算符。

　　　&：按位与运算符。

　　　||：逻辑或运算符。

　　　|：按位或运算符。

由于这四个运算符的优先级是 & > | > && > ||。故分别选 C、B。

2. 表达式 0x13&0x17 的值是(　　)。

A. 0x17　　　　　B. 0x13　　　　　C. 0xf8　　　　　D. 0xec

答案：B

解答：根据运算符 & 的运算规则，计算方法如下：

```
(0x13)        0001  0011
(0x17)    &   0001  0111
(0x13)        0001  0011
```

故选 B。

3. 若 x=2，y=3，则 x&y 的结果是(　　)。

A. 0　　　　　　　B. 2　　　　　　　C. 3　　　　　　　D. 5

答案：B

解答：计算方法如下：

```
(2)        0000  0010
(3)    &   0000  0011
(2)        0000  0010
```

故选 B。

4. 表达式 0x13 | 0x17 的值是(　　)。

A. 0x17　　　　　B. 0x13　　　　　C. 0xf8　　　　　D. 0xec

答案：A

解答：根据运算符 | 的运算规则，计算方法如下：

(0x13)		0001	0011
(0x17)	|	0001	0111
(0x13)		0001	0111

故选 A。

5. 设有 int a=4, b;语句，则执行 b=a<<2;语句后，b 的结果是(   )。

A. 4   B. 8   C. 16   D. 32

答案：C

解答：<< 是左移位运算符，把数据按位从低往高移动，丢弃移出的位，空出的位补 0。移动情况如图 13-1 所示(按 int 类型的 4 个字节来计算)。

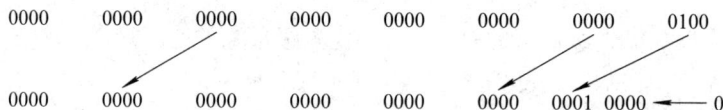

0000	0000	0000	0000	0000	0000	0000	0100

0000	0000	0000	0000	0000	0000	0001 0000	← 0

图 13-1

其输出结果是 16，故选 C。

6. 若有运算符<<、sizeof、^、&=，则它们按优先级由高到低的正确排列次序是(   )。

A. sizeof、&=、<<、^   B. sizeof、<<、^、&=

C. ^、<<、sizeof、&=   D. <<、^、&=、sizeof

答案：B

解答：由运算符的优先级表，可以得出优先级由高到低的正确排列次序是 sizeof、<<、^、&=。故选 B。

7. 设有以下语句，则 c 的二进制数是(   )，十进制数是(   )。

char   a = 3, b = 6, c;

c=a^b<<2;

A. 00011011   B. 00010100   C. 00011100   D. 00011000

E. 27   F. 20   G. 28   H. 24

答案：A，G

解答：首先确定运算符的优先级，c=a^b<<2 相当于 c=a^(b<<2)，b<<2 的结果是 24，而 a^24 的计算方法如下：

(3)		0000	0011
(24)	|	0001	1000
(27)		0001	1011

其二进制数是 00011011，十进制数是 27。故分别选 A、G。

8. 以下叙述中不正确的是(   )。

A. 表达式 a&=b 等价于 a=a&b

B. 表达式 a|=b 等价于 a=a|b

C. 表达式 a!=b 等价于 a=a!b

D. 表达式 a^=b 等价于 a=a^b

答案：C

解答：A、C、D 选项都是复合赋值运算符，C 选项是关系运算符，不是复合赋值运算符。故选 C。

9. 以下运算符中，优先级最高的是( )。

A. ~ B. | C. && D. %

答案：A

解答：~：按位取反运算符。

　　　|：按位或运算符。

　　　&&：逻辑与运算符。

　　　%：求余运算符。

查询运算符的优先级和结合性表可以得知，运算符~的优先级最高。故选 A。

10. 在位运算中，运算量每右移动一位，其结果相当于( )。

A. 乘以 2 B. 除以 2

C. 除以 4 D. 乘以 4

答案：B

解答：在位运算中，每向左移动一位，运算量相当于乘以 2；向右移动一位，运算量相当于除以 2。因为左右移位的操作比乘法计算要简单，所以计算机经常会把乘以 2 的运算用移位运算代替。需要注意的是，在移位过程中，移出的位不能为 1。故选 B。

11. 表达式~0x13 的值是( )。

A. 0xFFEc B. 0xFF71 C. 0xFF68 D. 0xFF17

答案：A

解答：~是按位取反运算符，可以将数据按位进行取反。假设计算机使用 2 个字节来保存数据。

0x13		0000	0000	0001	0011
0xFFFc	~	1111	1111	1110	1100

对于位运算，必须把数据转换成二进制数，每一位二进制数需按照运算规则分别进行运算。故选 A。

12. 有以下程序：

```
1   #include<stdio.h>
2   int main()
3   {
4       unsigned char a, b, c;
5       a=0x3;
6       b=a|0x8;
7       c=b<<1;
8       printf("%d%d\n", b, c );
9       return 0;
10  }
11
```

程序运行后的输出结果是(　　)。

A. -11，12　　　　　　　　　B. -6 ，-13

C. 12，24　　　　　　　　　D. 11，22

答案：D

解答：a、b、c 均是无符号字符型，占一个字节。"a=0x3;"，"b=a|0x8; "，"c=b<<1; "这三条语句运行的结果如下：

```
a=0x3        a   | 0000  0011 |

             a       0000  0011   (3)
b=a|0x8   0x8 |      0000  1000   (8)
             b       0000  1011   (11)

c=b<<1    b          0000  1011   (11)
          c          0001  0110   (22)
```

故选 D。

13. 以下程序运行后的输出结果是(　　)。

```
1  #include<stdio.h>
2  int main()
3  {
4      char   x=040;
5      printf("%o\n", x<<1);
6      return 0;
7  }
8
```

A. 100　　　　　B. 80　　　　　C. 64　　　　　D. 32

答案：A

解答：040 在 C 语言中表示八进制数 40，其二进制数为 00100000。把 x 的值左移一位，变成了 01000000，输出语句 "%o" 格式，是以八进制形式输出，为 100。故选 A。

14. 整型变量 x 和 y 的值相等且均为非 0 值，则以下选项中,结果为 0 的表达式是(　　)。

A. x || y　　　　B. x | y　　　　C. x & y　　　　D. x ^ y

答案：D

解答：该题可以任意假设一个数据进行验证，如假设 x=y=1，按照运算规则对 A、B、C、D 四个选项进行计算，可以得出只有 D 选项的结果为 0。两个相同的数据进行异或运算，结果为 0。故选 D。

15. 设 char 类型变量 x 的值为 1010 0111，则表达式(2+x)^(~3)的值是(　　)。

A. 1010 1001　　　　　　　　B. 1010 1000

C. 1111 1101　　　　　　　　D. 0101 0101

答案：D

解答：先计算括号中的数据，计算方法如下：

$$
\begin{array}{r}
1010\quad 1001\quad (2+x)\\
\wedge\quad\underline{1111\quad 1100\quad (\sim3)}\\
0101\quad 0101
\end{array}
$$

由以上的计算可知，结果是 0101 0101。故选 D。

二、填空题

1．位运算是对运算量的_____进行运算。

答案：二进制位

2．位运算符只对_____和_____数据类型有效。

答案：整型数据，字符型

3．将下列位运算符正确连线：

$\sim$　　　　　　　　　按位异或

$<<$　　　　　　　　　按位与

$\&$　　　　　　　　　按位取反

$\wedge$　　　　　　　　　左移位

答案：

$\sim$	按位取反
$<<$	左移位
$\&$	按位与
$\wedge$	按位异或

4．在 6 个位运算符中，只有_____是需要一个运算量的运算符。

答案：$\sim$

5．按位异或的运算规则是_____。

答案：0^0=0　0^1=1　1^0=1　1^1=0

6．在 C 语言中，位运算符有_____、_____、_____、____、>>、<<，共 6 个。

答案：$\&$　　$|$　　$\sim$　　$\wedge$

7．设二进制数 a 是 00101101，若想通过异或运算 a^b 使 a 的高 4 位取反，低 4 位不变，则二进制数 b 应是_____。

答案：1111 0000

解答：进行异或运算，与 0 相异或，不变；与 1 相异或，取反。要使 a 的高 4 位取反，低 4 位不变，则 b 的高四位应该为 1，低 4 位为 0 ，即 b 的值为 1111 0000。

8．设有整数 a 和 b，若要通过 a&b 运算屏蔽掉 a 中的其他位，只保留第 2、8 位，则 b 的八进制数是_____。

答案：0202

解答：进行按位与运算，与 1 相与，不变；与 0 相与，清零。该题的要求是保留第 2 和第 8 位，其他位清零，则 b 应该是第 2 和第 8 位为 1，其他位为 0，即 b 的值为 1000 0010，八进制数是 0202。

9. 如果想使一个数 a 的低 4 位全改为 1，需要 a 与_____进行按位或运算。

答案：0x0f

解答：进行按位或运算，与 1 相或，置 1；与 0 相或，不变。题目要求 a 的低 4 位全为 1，其他位不变，则应该跟 0000 1111 相或，即 0x0f。

三、编程题

1. 设计一个程序，当给出一个数的原码时，能得到该数的补码。

解答：最高位表示符号，其他位表示数值，则这种表示方法就是原码。对于正数，补码和原码一致；对于负数，补码就是符号位不变，数值位取反加 1。

由原码求补码需要分正数和负数分别来讨论。正数不变，负数则需要符号不变，数值位取反加 1。数值位取反加 1 用式子 ~n+1 表示，但是这样做之后最高位的符号位也会从 1 变成了 0。还需要把最高位置 1，其他位不变，方法是跟一个最高位为 1、其他位是 0 的数值 m 相或。

如何得到数值 m，对于不同的计算机系统，int 类型的数据存储字节是不一样的，有的系统用 2 个字节存储，而有的系统可能会用 4 个字节存储。对于 2 个字节，数值 m 是 0x8000；对于 4 个字节，数值 m 是 0x80000000。这就需要分情况讨论。其实可以使用移位运算符和 sizeof 来合理地解决这个问题。先用 2 个字节的情况来讨论数值 m。

对于 2 个字节，数值 m 可以通过把 1 右移 15 位得到，其表达式如下：

$$m=1<<15$$

即如图 13-2 所示。

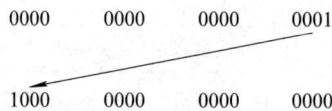

图　13-2

而对于 4 个字节存储，数值 m 则需要把 1 右移 31 位才可以，其表达式如下：

$$m=1<<31$$

如图 13-3 所示。

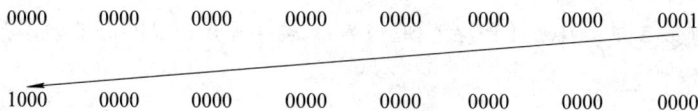

图　13-3

可以考虑用一个通用的式子来把这两种情况都处理好，即

$$15=2\times8-1$$

$$31=4\times8-1$$

从这两个式子可以看出，右移的位数就是字节数乘以 8 然后减 1。可以用 sizeof(n) 来得到 n 的字节数，这样数值 m 的计算表达式如下：

$$m=1<<(sizeof(n)*8-1)$$

　　而由于右移 1 位相当于乘以 2，因此乘以 8 可以用右移 3 位计算。这样表达式则修改为

$$m=1<<(sizeof(n)<<3-1)$$

　　同时，数值 m 也可以用来判断 n 的最高位是否为 1。若 n&m 的值为 1，则 n 的最高位是 1，n 是负数；若 n&m 的值为 0，则 n 的最高位是 0，n 就是正数。

　　最后，还需要注意在输入数据时，必须输入数据的原码，也就是输入十六进制数，而且 m 和 n 都应该设为 unsigned int 类型，只有这样才能正确地处理这些数据。

　　程序代码如下：

```
1    /*==============================
2    *程序名称：xt10-1.c
3    *功能：已知原码，求其补码
4    ==============================*/
5    #include <stdio.h>
6
7
8    /*主函数*/
9    int main()
10   {
11       unsigned int n, m;
12       printf("请输入一个原码(%d 个字节的数据)： ", sizeof(int));
13       printf("假设输入负数-2，若计算机用 4 个字节存储该数，则应该输入 80000002\n");
14       printf("若用 2 个字节存储该数，则应该输入 8002\n");
15       scanf("%x", &n);
16       m=1<<((sizeof(n)<<3)-1);        //m 的最高位是 1，其他位为 0
17                                       //用 m 跟 n 进行位与运算来检测 n 是否负数
18       if((n&m)==0)
19        {
20            printf("输入的是一个正数，补码是其本身 0x%x\n", n);
21        }
22       else
23        {
24            n=~n+1;                    //把 n 取反加 1
25            n|=m;                      //最高位重新置为 0
26
27            printf("输入的是一个负数，补码是其取反加 1\n");
28            printf("原数据是 0x%x, 补码为 0x%x\n", n, m);
29        }
```

30	return 0;
31	}
32	
33	

2. 取一个整数最高端的 3 个二进制位。

解答：取最高的 3 个二进制位，可以把数据向右移动"字节数×8-3"位，把最高的 3 个二进制位移动到最低位，然后与 7 进行与运算，保留低 3 位，屏蔽其他位。

程序代码如下：

1	/*===============================
2	*程序名称：xt10-2.c
3	*功能：取一个整数最高的 3 个二进制位，
4	*　　　　并把这 3 个二进制位放在低 3 位中
5	===============================*/
6	#include <stdio.h>
7	
8	
9	/*主函数*/
10	int main()
11	{
12	int n;
13	scanf("%d", &n);
14	n=n>>((sizeof(n)<<3)-3);
15	n=n&7;
16	printf("%x", n);
17	return 0;
18	}
19	

3. 取一个整数 a 从右端开始的 4~7 位。

解答：取出右端开始的 4~7 位，步骤如下：

(1) 先使 a 右移 4 位；

(2) 设置一个低 4 位全为 1，其余全为 0 的数，可用式子 ~(~0<<4) 生成；

(3) 将上面二者进行与运算(&)。

完整的程序代码如下：

1	/*===============================
2	*程序名称：xt10-3.c
3	*功能：取一个整数 a 从右端
4	*　　　　开始的 4~7 位

```
5    ================================*/
6    #include <stdio.h>
7    #include <stdlib.h>
8
9
10   int main(void)
11   {
12       unsigned int a, b, c, d;
13       printf("请输入十六进制整数：\n");
14       scanf("%x", &a);
15       b=a>>4;
16       c=~(~0<<4);
17       d=b&c;
18       printf("0x%x 的第 4～7 位是：\n0x%x\n", a, d);
19
20       return 0;
21   }
22
```

参 考 文 献

[1]　ERIC S R. C 语言科学与艺术[M]. 翁惠玉，张冬荣，杨鑫，等，译. 北京：机械工业出版社，2008.

[2]　谭浩强. C 程序设计[M]. 4 版. 北京：清华大学出版社，2010.

[3]　HORTON I . C 语言入门经典[M]. 4 版. 杨浩，译. 北京：清华大学出版社，2008.

[4]　明日科技. C 语言从入门到精通(实例版)[M]. 北京：清华大学出版社，2012.

[5]　KING K N. C 语言程序设计：现代方法[M]. 2 版. 吕秀峰，黄倩，译. 北京：人民邮电出版社，2010.